万聲珠 2022

芳彤甜點日記

… 經典伴手禮美味饗宴 …

方慧珠 | 著

「不藏私、樂於分享」

烘焙，是一條永無止境的挑戰，也是無邊無界的美好。

大家還記得在今年七月，我跟彭秋婷老師合著的《天然氣泡酵素飲》這本書嗎？其實，各位讀者現在正在閱讀的這本書籍，才是我計畫出的第一本作品。

還記得年初，與優品出版社開會討論這本《芳彤甜點日記》的內容時，我做了氣泡酵素飲給大家喝，沒想到大家喝完之後大感驚艷，竟然一致決議要先插隊寫《天然氣泡酵素飲》。於是，原訂的《芳彤甜點日記》，就成為了我的第二本作品。

這本書，蒐羅了我從事烘焙工作 20 幾年來的獨門配方；每一則食譜，都是經過殘酷的營業現場洗禮後，不斷修正、調整與改良而來。

很多人問我，這些配方留著自己營業使用，難道不好嗎？為什麼要寫進書裡呢？我毫不猶豫地告訴他們：「不藏私、樂於分享」一直以來都是我的處世哲學。有這麼難得的機會，能夠將如此雋永的甜品配方與各位廣大的讀者朋友分享，對我來說就是一種莫大的幸福。

喜愛自己動手烘焙的您，不論您是想將甜品送給心愛的家人，還是對外販售，相信跟著書上的食譜步驟、循序漸進地學習，您都可以順利完成書中的每一道甜點，輕鬆享受美好的甜品生活。

美夢成真擦出火花，瞬間開花結果

「美夢成真擦出火花，瞬間開花結果。」這份甜美果實來的突然，瞬間激發了慧珠老師的創造力。

慧珠老師對烘焙甜點的熱情與態度，彷彿是燃燒生命的能量在烘焙上做點心。「真心」、「用心」、「細心」，對食材嚴選新鮮美味的堅持，是甜心師傅基本的要求，而在慧珠老師身上，就能夠看出她對食材的嚴格把關，以及在課程上的盡心盡力，用心的教學的她，總是無私地分享所學所能給每一位學生。

想當初，慧珠老師為命名這本甜點書時傷透腦筋，這本《芳彤甜點日記：經典伴手禮美味響宴》一語點破夢中人，我的直覺反應就是：用老師的「芳彤手作工作室」命名此書非常恰當。因為「芳彤」是慧珠老師畢生所學的心血結晶，紀錄了她多年的學習成果以及專業烘焙技術，點點滴滴都是滿滿的回憶，在人生的紀錄留下完美幸福甜點的滋味，是最適合不過了。

一本好的甜點書易懂易學圖文並茂，可以一目瞭然，優雅並輕輕鬆鬆地學做點心，是每位學習甜點的人必備的基本工具書。此書滿足了許多人的需求，收錄的點心種類也是市面上販售排名的 NO.1，搭配慧珠老師豐富的烘焙經驗，值得喜愛甜點的你細細品味其中的奧妙，與慧珠老師一同探討書中的寶藏！

麵點女王 中式麵點老師

彭秋婷 推薦

在烘焙的夢幻世界裡盡情地玩耍

　　《芳彤甜點日記》這本書是方慧珠老師烘焙生涯中的第二部作品。還記得有次在與慧珠老師聊天時，聽到方老師聊到：總有一天，自己要留下一些「事蹟」供人傳頌，如此一來，當以後自己的孫子們在介紹家人時，能夠驕傲、自豪地向朋友們稱讚自己的「阿嬤」有多厲害！而我想這份「期待」也就是本書誕生的契機吧！

　　這本書收錄了許多大家喜愛的甜點、伴手禮，無論是從選材、配方還是烘焙作法，每一個環節、步驟都以圖片呈現，並搭配詳細的文字內容，相信各位讀者只要按部就班，跟著步驟說明循規蹈矩地進行，就能完整重現美味的多樣甜點。

　　另外，本書最大的特色就像慧珠老師的個性一樣「不藏私、樂於分享」。與慧珠老師相處的過程當中，我時常被她積極樂天的態度感染，她總能將正向的態度散播給身旁的每一個人。而書中的內容，就如同慧珠老師的個性一樣，分享著自己多年的烘焙經驗，將所見所聞毫不保留地收錄在其中，讓大家都能夠順利在烘焙的夢幻世界裡盡情地玩耍。

蘿漾手作藝術坊 設計總監

莊淑媚　推薦

只要喜歡、有興趣，就不是遙不可及的夢想

　　人生中有許多變化，只要喜歡、有興趣，就不是遙不可及的夢想，就像方慧珠老師。在一次偶然的機遇下，她接觸到了充滿夢幻時刻的烘焙藝術及天然酵素製作，她被深深吸引了。

　　即使家中繁忙，她對烘焙的喜愛也讓她從來都不覺得辛苦，才剛出一本合輯《天然氣泡酵素飲》的她，很快地就出了下一本新書，由此可知，生活不會阻礙方慧珠老師學習的熱忱。活到老學到老，學習永不過時，我相信只要願意就可以持續追求自己所熱愛的一切。

　　這本書承載著方慧珠老師滿滿的心血，想把自身學會的知識、經驗也分享給各位讀者，帶領大家學習健康又美味的烘焙魔法。畢竟自己親手做的美味點心不只有滿滿的誠意，還可以解決要買甚麼伴手禮的煩惱，甚至還能增進家人、愛人、朋友之間的感情，豈不是一舉多得。

醒吾科技大學餐旅管理系 主任

金牌主廚　許燕斌副教授　推薦

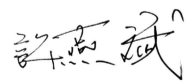

CONTENTS

器具

①　手提式電動攪拌器
②　不鏽鋼探針式料理溫度計
③　不鏽鋼球型攪拌棒
④　打蛋器
⑤　不鏽鋼蛋糕抹刀
⑥　橡膠刮刀

⑦　隔熱手套
⑧　愛可米蛋糕麵糊軟刮板
⑨　不鏽鋼電子秤
⑩　器具模 SN2078
⑪　糖刀
⑫　器具模 SN3216

⑬　不鏽鋼保護套水銀溫度計
⑭　糖尺
⑮　不鏽鋼篩網
⑯　紅外線溫度計
⑰　不鏽鋼打蛋盆 鋼盆
⑱　挖冰杓

材料

愛可米義大利蛋白霜

愛可米墨西哥紅椒風味

雪花粉

黑糖粉

黑糖蜜

海藻糖

低筋麵粉

上白糖

寒天粉

吉利丁粉

吉利丁片

吉利丁塊

無水奶油

發酵奶油

動物性鮮奶油

Part I

糖果系列

糖果肯定是小朋友心中最受歡迎的食物；大人們也不例外，打開包裝袋的剎那，甜蜜馬上就會蓋過罪惡感，最適合下班後慵懶地躺在沙發上，看著電視一口接著一口吃了！

草莓紅心牛軋糖

材料 (g)

A	愛可米蛋白霜	60	D	奶粉	32
	冷開水	60		酪乳粉	20
	ZR 寒天粉	2		草莓粉	38
B	水	125	E	夏威夷豆	320
	海藻糖	50		冷凍乾燥草莓	100
	鹽	4		草莓乾	100
	乳糖	100		紅心芭樂	100
	水麥芽	500	F	草莓脆粒	25
	S350 糖漿	30			
C	無水奶油	80			
	白巧克力	20			

TIPS

- 在開始做之前記得要先將堅果與無水奶油放置到烤箱內保溫 (上下火 130℃)。
- 在切糖時，器具最好都先噴烤盤油，若無則可用沙拉油替代。
- 整形時可以戴棉織手套再加耐熱手套以免燙傷。
- 整形可以用身體的力氣去壓，這樣比較省力。
- 煮糖溫度須隨天氣氣溫來調高低。

🍳 **作法** ··

1

將 A 組材料全部倒入鍋內，先用手拿**槳狀攪拌器**稍微拌勻，接著再放入攪拌器的鋼盆內打至**硬性發泡**。

2

將 B 組材料全部倒入小煮鍋，煮至中心溫度 130℃後熄火（夏天 36℃）。

POINT

作法 2 的溫度為瓦斯的 10～11 點鐘方向，不是小火！

3

將 C 組材料的無水奶油保溫融化後，加入白巧克力拌勻。

4

將 D 組材料倒入作法 3 中，稍微拌勻後備用。

5

作法 2 慢慢沖入作法 1 中（這時攪拌器是較快速的狀態），接著將鋼盆取出，慢慢倒入作法 4，倒完後放回攪拌器用**低速**攪拌幾秒，不需均勻。

6

攪拌完後，將材料從鋼盆取出來放至箱子內，箱內噴少許烤盤油，防止沾黏。

7

把牛軋的糖底用**壓拌**的方式壓開攤平，倒入 E 組材料後，將其全部揉捏拌均。

8

最後趁熱放入糖盤，用擀麵棍整形。在表面撒上草莓脆粒後全部壓平。

9-1

9-2

把糖果放至微溫後，用糖尺切出所需要的大小就完成囉！

抹茶水果杏仁牛軋糖

No.02

🌏 材料 (g)

A	愛可米蛋白霜	60	D	奶粉	40
	冷開水	60		抹茶粉	20
	ZR 寒天粉	2		酪乳粉	30
B	水	125	E	青提子葡萄乾	60
	海藻糖	50		蔓越莓	50
	鹽	4		鳳梨乾	60
	乳糖	100		芒果乾	60
	水麥芽	500		杏仁粒	300
	S350 糖漿	30		開心果	60
C	無水奶油	80			
	白巧克力	20			

········ TIPS ········

🥄 將堅果與無水奶油先放置烤箱保溫 (上下火 130℃)。

🥄 在切糖時，器具最好都先噴烤盤油，若無則可用沙拉油替代。

🥄 整形時可以戴棉織手套再加耐熱手套以免燙傷。

🥄 整形可以用身體的力氣去壓，這樣比較省力。

🥄 煮糖溫度須隨天氣氣溫來調高低。

🍬 作法

1

將 A 組材料全部倒入鍋內，先用手拿**槳狀攪拌器**稍微拌勻，接著再放入攪拌器的鋼盆內打至**硬性發泡**。

2

將 B 組材料全部倒入小煮鍋，煮至中心溫度 131℃ 後熄火（夏天 36℃）。

POINT

作法 2 的溫度為瓦斯的 10～11 點鐘方向，不是小火！

3

將 C 組材料的無水奶油保溫融化後，加入白巧克力拌勻。

4

將 D 組材料倒入作法 3 中，稍微拌勻後備用。

5

作法 2 慢慢沖入作法 1 中（這時攪拌器是較快速的狀態），接著將鋼盆取出，慢慢倒入作法 4，倒完後放回攪拌器用**低速**攪拌幾秒，不需均勻。

6

攪拌完後，將材料從鋼盆取出來放至箱子內，箱內噴少許烤盤油，防止沾黏。

7

把牛軋的糖底用**壓拌**的方式壓開攤平，倒入 E 組材料後，將其全部揉捏拌均。

8

最後趁熱放入糖盤，用擀麵棍整形、壓平。

9-1

9-2

把糖果放至微溫後，用糖尺切出所需要的大小就完成囉！

紅椒牛肉牛軋糖

🥘 材料 (g)

A	愛可米蛋白霜	60	D	奶粉	50
	冷開水	60		麻辣粉	10
	ZR 寒天粉	2		紅椒粉	15
B	水	125		酪乳粉	20
	海藻糖	150	E	牛肉乾	200
	水麥芽	500		夏威夷豆	400
	S350 糖漿	30			
C	無水奶油	80			
	白巧克力	20			

TIPS

- 將堅果與無水奶油先放置烤箱保溫 (上下火 130℃)。
- 在切糖時，器具最好都先噴烤盤油，若無則可用沙拉油替代。
- 整形時可以戴棉織手套再加耐熱手套以免燙傷。
- 因為牛肉乾有水分，若與糖底一起揉捏壓拌，會因為糖底的熱把牛肉乾的油擠出來。
- 整形可以用身體的力氣去壓，這樣比較省力。
- 煮糖溫度須隨天氣氣溫來調高低。

🍬 作法

1

將 A 組材料全部倒入鍋內，先用手拿**槳狀攪拌器**稍微拌勻，接著再放入攪拌器的鋼盆內打至**硬性發泡**。

2

將 B 組材料全部倒入小煮鍋，煮至中心溫度 132℃後熄火（夏天 36℃）。

POINT

作法 2 的溫度為瓦斯的 10～11 點鐘方向，不是小火！

3

將 C 組材料的無水奶油保溫融化後，加入白巧克力拌勻。

4

將 D 組材料倒入作法 3 中，稍微拌勻後備用。

5

作法 2 慢慢沖入作法 1 中（這時攪拌器是較快速的狀態），接著將鋼盆取出，慢慢倒入作法 4，倒完後放回攪拌器用**低速**攪拌幾秒，不需均勻。

6

攪拌完後，將材料從鋼盆取出來，在箱內噴少許烤盤油後，把牛軋糖糖底先放至箱子內稍微壓平，接著放到糖盤上與夏威夷豆揉捏均勻。

7

拌勻後分成兩份，先將牛肉乾鋪在其中一半上，接著再把另外一半蓋上去。

8

蓋完後趁熱整形，用擀麵棍輔助壓平。

9-1

9-2

放至微溫後用糖尺切出所需要的大小就完成囉！

芝麻花生牛軋糖

材料 (g)

A	愛可米蛋白霜	60		C	無水奶油	80
	冷開水	60			白巧克力	20
	ZR 寒天粉	2		D	奶粉	50
B	水	125			酪乳粉	40
	海藻糖	50		E	熟黑芝麻粒	400
	鹽	4			花生片	100
	乳糖	100				
	水麥芽	500				
	S350 糖漿	30				

TIPS

- 將堅果與無水奶油先放置烤箱保溫 (上下火 130℃)。
- 在切糖時，器具最好都先噴烤盤油，若無則可用沙拉油替代。
- 整形時可以戴棉織手套再加耐熱手套以免燙傷。
- 整形可以用身體的力氣去壓，這樣比較省力。
- 煮糖溫度須隨天氣氣溫來調高低。

作法

1
將 A 組材料全部倒入鍋內，先用手拿**槳狀攪拌器**稍微拌勻，接著再放入攪拌器的鋼盆內打至**硬性發泡**。

2
將 B 組材料全部倒入小煮鍋，煮至中心溫度 129℃後熄火（夏天 36℃）。

POINT
作法 2 的溫度為瓦斯的 10 ～ 11 點鐘方向，不是小火！

3
將 C 組材料的無水奶油保溫融化後，加入白巧克力拌勻。

4
將 D 組材料倒入作法 3 中，稍微拌勻後備用。

5
作法 2 慢慢沖入作法 1 中（這時攪拌器是較快速的狀態），接著將鋼盆取出，慢慢倒入作法 4，倒完後放回攪拌器用**低速**攪拌幾秒，不需均勻。

6
攪拌完後，將材料從鋼盆取出來放至箱子內。把牛軋的糖底用**壓拌**的方式壓開攤平，倒入 E 組材料。

7
將全部材料揉捏拌均。

8
最後趁熱放入糖盤，用擀麵棍整形、壓平。

9-1

9-2

把糖果放至微溫後，用糖尺切出所需要的大小就完成囉！

巧克力夏豆牛軋糖

🌰 **材料** (g)

A	愛可米蛋白霜	60	C	無水奶油	80
	冷開水	60		75%～100%苦甜	30
	ZR 寒天粉	2		巧克力	
B	水	125	D	奶粉	30
	海藻糖	50		可可粉	30
	鹽	4		酪乳粉	30
	乳糖	100	E	夏威夷豆	500
	85% or 86%水麥芽	500	F	草莓脆粒	適量
	S350 糖漿	30			

------- TIPS -------

- 將堅果與無水奶油先放置烤箱保溫 (上下火 130℃)。
- 在切糖時，器具最好都先噴烤盤油，若無則可用沙拉油替代。
- 整形時可以戴棉織手套再加耐熱手套以免燙傷。
- 整形可以用身體的力氣去壓，這樣比較省力。
- 如果是 85%水麥芽煮 130～131℃；86%則 131～132℃，看自己要的口感。
- 煮糖溫度須隨天氣氣溫來調高低。
- 如果希望巧克力的味道較重，可以將可可粉增加。

🍳 作法

1

將 A 組材料全部倒入鍋內，先用手拿**槳狀攪拌器**稍微拌勻，接著再放入攪拌器的鋼盆內打至**硬性發泡**。

2

將 B 組材料全部倒入小煮鍋，煮至中心溫度 132℃後熄火（夏天 36℃）。

POINT

作法 2 的溫度為瓦斯的 10 ～ 11 點鐘方向，不是小火！

3

將 C 組材料的無水奶油保溫融化後，加入白巧克力拌勻。

4

將 D 組材料倒入作法 3 中，稍微拌勻後備用。

5

作法 2 慢慢沖入作法 1 中（這時攪拌器是較快速的狀態），接著將鋼盆取出，慢慢倒入作法 4，倒完後放回攪拌器用**低速**攪拌幾秒，不需均勻。

6

攪拌完後，將材料從鋼盆取出來放至箱子內，把牛軋的糖底用**壓拌**的方式壓開攤平，並倒入 E 組材料後將其全部揉捏拌均。

7

最後趁熱放入糖盤，用擀麵棍整形。

8

在表面撒上草莓脆粒後全部壓平。

9-1

9-2

把糖果放至微溫後，用糖尺切出所需要的大小就完成囉！

No.06

花生酥糖

材料（g）

A	水	80	B	無鹽奶油	15
	水麥芽	260	C	熟花生片	800
	二砂糖	100		熟黑芝麻	25
	海藻糖	100		熟白芝麻	25
	鹽	3			

············ TIPS ············

🍬 四個邊角一定要先壓緊，然後才壓中間，壓平後要馬上切，不可等涼才切，會碎掉。

🍬 用擀麵棍壓緊。

🍬 讀者可以視自己的包材用不同的切法。

🍬 可先將糖盤放入烤箱保溫。

作法

先將 C 組材料放入烤箱，用 160℃保溫。

將 A 組材料放入炒鍋，用小火煮至 145℃。

煮至 145℃後加 B 組材料拌勻，拌勻後加入 C 組材料。

用兩隻攪拌匙**由下往上**翻炒。

炒至均勻後馬上倒入糖盤，用擀麵棍快速整形。

最後**趁熱**用糖尺切出所需要的大小就完成囉！

VIDEO

花生酥糖
示範影片

芝麻酥糖

材料（g）

	材料	g
A	水	80
	水麥芽	260
	二砂糖	100
	海藻糖	100
	鹽	3
B	無鹽奶油	15
C	煎黑芝麻	600
	杏仁條	70

····· TIPS ·····

- 四個邊角一定要先壓緊，然後才壓中間，壓平後要馬上切，不可等涼才切，會碎掉。
- 用擀麵棍壓緊。
- 讀者可以視自己的包材用不同的切法。
- 可先將糖盤放入烤箱保溫。

作法

1

將 C 組材料放入烤箱用 160℃保溫，黑芝麻要把杏仁條淹沒，防止杏仁條燒焦。

2

將 A 組材料放入炒鍋，用小火煮至 145℃。

3

煮至 145℃後加 B 組材料拌勻，拌勻後加入 C 組材料。

4

用兩隻攪拌匙**由下往上**翻炒。

5

炒至均勻後馬上倒入糖盤，用擀麵棍快速整形。

6

最後**趁熱**用糖尺切出所需要的大小就完成囉！

茶香酥糖

🍴 材料 (g)

A	水麥芽	70
	上白糖	100
	海藻糖	90
	水	50
	海鹽	3
B	發酵奶油	60
	文山包種茶葉粉（綠） or 蜜香紅茶粉（紅）	50
	花生醬	100
C	花生粉	500

⸺ TIPS ⸺

🍪 四個邊角一定要先壓緊，然後才壓中間，壓平後要馬上切，不可等涼才切，會碎掉。

🍪 用擀麵棍壓緊。

🍪 讀者可以視自己的包材用不同的切法。

🍪 可先將糖盤放入烤箱保溫。

🥄 作法

1 將 A 組材料放入炒鍋，用小火煮至 133℃。

2 加入 B 組材料拌勻，拌勻後加入 C 組材料。

3 用兩隻攪拌匙**由下往上**翻炒，炒至均勻後馬上倒入糖盤。

4 倒入糖盤後還需要稍微**壓拌、揉捏**成團將花生粉和勻。

5 和勻後快速整形，且需要**壓得非常緊實**，不然糖會鬆掉喔！

6 最後**趁熱**用糖尺切出所需要的大小就完成囉！

熱帶水果軟糖

🍀 材料（g）

A	水	50	C	日本玉米粉	50
	85％ or 86％水麥芽	350		ZR 寒天粉	3
	海藻糖	80		水	50
	乳糖	20	D	發酵奶油	60
	鹽	4	E	芒果乾	75
	芒果果泥	80		夏威夷豆	300
	鳳梨果泥	120		南瓜子	100
B	蘭姆酒	30		鳳梨乾	50

········ TIPS ········

- 堅果需要先保溫。
- 煮時需要用小火，要不時攪拌。
- 若要測試軟硬度，一定要熄火，挖一點糖漿放到通風處或者冰箱裡面，測試糖漿凝結、凝固後的軟硬度（以讀者喜歡的軟硬度為主）。
- 如果煮過頭（變硬），一定要在還沒下任何堅果之前加入熱水攪拌（不可開火），等糖漿把水全部吃進後才可以開火稍微加熱，再測試至自己喜歡的軟硬度。

 作法

1

將 A 組材料放入炒鍋拌勻煮滾。

2

將 C 組材料三者拌勻。

3

將作法 2 **慢慢倒入**鍋內勾芡，倒完後加入 B 組材料的蘭姆酒。

4-1

4-2

加入 D 組材料後，攪拌至要的軟硬度，需要煮至糖漿不黏刮刀為止，測軟硬度時需要熄火。

5

測試完畢後，開小火將 E 組材料加入鍋中拌勻。

6

拌勻後入糖盤壓平、壓緊。

7

放涼後切出所需要的大小就完成囉！

八寶軟糖

🌀 材料（g）

A	水	50	C	發酵奶油	40
	85％ or 86％水麥芽	330	D	熟白芝麻	20
	海藻糖	40		葡萄乾	70
	乳糖	20		無花果	70
	鹽	3		麥芽香	70
	抹茶粉	3		青堤子	70
B	寒天粉	3		南瓜子	100
	日本太白粉	30		枸杞	50
	水	50		松子	100

······ TIPS ······

- 堅果需要先保溫。
- 煮時需要用小火，要不時攪拌。
- 若要測試軟硬度，一定要熄火，挖一點糖漿放到通風處或者冰箱裡面，測試糖漿凝結、凝固後的軟硬度（以讀者喜歡的軟硬度為主）。
- 如果煮過頭（變硬），一定要在還沒下任何堅果之前加入熱水攪拌（不可開火），等糖漿把水全部吃進後才可以開火稍微加熱，再測試至自己喜歡的軟硬度。
- 此糖體煮好很快且會黏鍋，因此要務必注意。

🍳 作法

1
將 A 組材料放入大雪平鍋拌勻煮滾（看量多寡，量多就放入炒菜鍋）。

2
將 B 組材料三者拌勻後，**慢慢倒入**炒鍋內（慢慢倒是因為需要勾芡）。

3
加入 C 組材料，攪拌至要的軟硬度，需要煮至糖漿不黏刮刀為止，測軟硬度時需要熄火。

4-1

4-2

測試完成後，開火將 D 組材料加入鍋中拌勻。

5
拌勻後入糖盤壓平、壓緊。

6
放涼後切出所需要的大小就完成囉！

花生軟糖

🌰 材料（g）

A	水	13	C	黑芝麻油	20
	山梨醇	180	D	花生醬	20
	麥芽糖醇	150	E	花生粉	70
	麥芽糊精	23		熟花生碎粒 （用調理機打成碎粒）	475
	鹽	3		熟白芝麻	25
B	水	35		熟黑芝麻	25
	日本太白粉	15			
	ZR 寒天粉	5			

--- TIPS ---

- 🥜 堅果需要先保溫。
- 🥜 煮時需要用小火且要不時攪拌。

🥄 作法

1

將 A 組材料放入大雪平鍋拌勻煮滾（**看量多寡**，量多就用不沾炒菜鍋）。

2

將 B 組材料三者拌勻後，一邊攪拌一邊加入鍋內，接著再加入 C 組材料。

3

將作法 2 煮至 119℃後，倒入 D 組與 E 組的材料。

4

將全部材料拌至均勻。

5

拌勻後熄火入糖盤。

6

將糖體壓平、壓緊，**放涼**後切出所需要的大小就完成囉！此款糖需要等到完全冷卻後才能切喔！

紅寶鑽石軟糖

器具：SN3305 或 SN3307

材料 (g)

A	覆盆子果泥	300		D	檸檬酸	6
	葡萄糖漿	36			開水	6
B	上白糖①	30		E	細砂糖	適量
	DC 果膠粉	6				
C	上白糖②	192				
	海藻糖	96				

TIPS

● 糖刀會黏的話可以噴烤盤油。

● 沾糖要分成兩次，因為第一次軟糖會把糖吸進去，所以還需要再沾第二次。

● 可先將糖盤、邊框放入烤箱保溫。

🌀 作法

將 B 組材料兩者倒一起拌勻，放一旁備用。

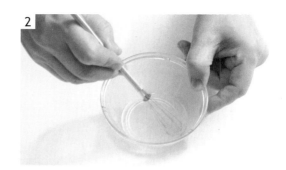

將 D 組材料兩者倒一起拌勻，放一旁備用。

將 A 組材料放置雪平鍋煮，用小火煮溶後，加入 B 組材料再次煮滾，接著分 3 ～ 4 次加入 C 組材料，每次都要**煮到溶化**才能加入下一次，加完後用小火煮至沸騰狀態。

放入溫度計，直到中心溫度為 108℃ 左右，加入作法 2 拌勻、熄火。

倒入糖模後靜放到隔天。

切成 3x3 公分或是自己喜歡的大小，沾上第一次的細砂糖。

放到第二天再沾第二次的糖粉，為了避免受潮，所以要**馬上裝罐**，並在罐中放入乾燥劑。

黑金軟糖

器具：SN3305 或 SN3307

材料 (g)

A	藍莓果泥	210		D	檸檬酸	6
	覆盆子果泥	90			開水	6
B	上白糖①	30		E	細砂糖	適量
	DC 果膠粉	6				
C	上白糖②	192				
	海藻糖	96				

TIPS

- 糖刀會黏的話可以噴烤盤油。
- 沾糖要分成兩次，因為第一次軟糖會把糖吸進去，所以還需要再沾第二次。
- 可先將糖盤、邊框放入烤箱保溫。

作法

1
將 B 組材料兩者倒一起拌勻，放一旁備用。

2
將 D 組材料兩者倒一起拌勻，放一旁備用。

3
將 A 組材料放置雪平鍋煮，用小火煮溶後，加入 B 組材料再次煮滾，接著分 3～4 次加入 C 組材料，每次都要**煮到溶化**才能加入下一次，加完後用小火煮至沸騰狀態。

4
放入溫度計，直到中心溫度為 108℃左右，加入作法 2 拌勻。

5
倒入糖模後靜放到隔天。

6
切成 3x3 公分或是自己喜歡的大小，沾上第一次的細砂糖。

7
放到第二天再沾第二次的糖粉，為了避免受潮，所以要**馬上裝罐**，並在罐中放入乾燥劑。

黃水晶軟糖

⬛ 器具：SN3305 或 SN3307

🌀 材料（g）

A	芒果果泥	90		D	檸檬酸	6
	鳳梨果泥	210			開水	6
B	上白糖①	30		E	細砂糖	適量
	DC 果膠粉	6				
C	上白糖②	192				
	海藻糖	96				

····· TIPS ·····

🥄 糖刀會黏的話可以噴烤盤油。

🥄 沾糖要分成兩次，因為第一次軟糖會把糖吸進去，所以還需要再沾第二次。

🥄 可先將糖盤、邊框放入烤箱保溫。

1

將 B 組材料兩者倒一起拌勻，放一旁備用。

2

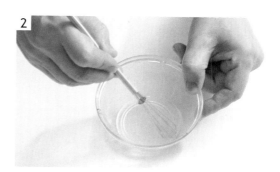

將 D 組材料兩者倒一起拌勻，放一旁備用。

3

將 A 組材料放置雪平鍋煮，用小火煮溶後，加入 B 組材料再次煮滾，接著分 3～4 次加入 C 組材料，每次都要**煮到溶化**才能加入下一次，加完後用小火煮至沸騰狀態。

4

放入溫度計，直到中心溫度為 108℃左右，加入作法 2 拌勻。

5

倒入糖模後靜放到隔天。

6

切成 3x3 公分或是自己喜歡的大小，沾上第一次的細砂糖。

7

放到第二天再沾第二次的糖粉，為了避免受潮，所以要**馬上裝罐**，並在罐中放入乾燥劑。

No.15

琥珀軟糖

器具：SN3305 或 SN3307

材料 (g)

A	青蘋果果泥	150	D	檸檬酸	6
	紅心芭樂果泥	150		開水	6
B	上白糖①	30	E	細砂糖	適量
	DC 果膠粉	6			
C	上白糖②	192			
	海藻糖	96			

TIPS

● 糖刀會黏的話可以噴烤盤油。

● 沾糖要分成兩次，因為第一次軟糖會把糖吸進去，所以還需要再沾第二次。

● 可先將糖盤、邊框放入烤箱保溫。

🍬 作法

將 B 組材料兩者倒一起拌勻，放一旁備用。

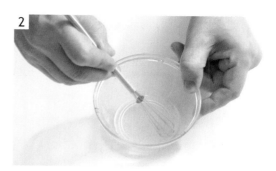

將 D 組材料兩者倒一起拌勻，放一旁備用。

將 A 組材料放置雪平鍋煮，用小火煮溶後，加入 B 組材料再次煮滾，接著分 3～4 次加入 C 組材料，每次都要**煮到溶化**才能加入下一次，加完後用小火煮至沸騰狀態。

放入溫度計，直到中心溫度為 108°C 左右，加入作法 2 拌勻。

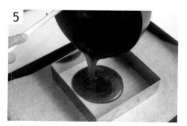

倒入糖模後靜放到隔天。

切成 3x3 公分或是自己喜歡的大小，沾上第一次的細砂糖。

放到第二天再沾第二次的糖粉，為了避免受潮，所以要**馬上裝罐**，並在罐中放入乾燥劑。

草莓Q糖

🍴 材料（g）

A	上白糖	125	B	911 寒天粉	11
	85％ or 86％水麥芽	198		水	58
	乳糖	75		紅色色粉（可不加）	3
	水	50	C	發酵奶油	75
	海藻糖	90	D	覆盆子粉 or 草莓粉	13
	動物性鮮奶油	300		草莓碎粒	13
	草莓果醬	200		草莓乾	150
	海鹽	4			

····· TIPS ·····

- 糖刀會黏的話可以噴烤盤油。
- 若要測試軟硬度，一定要熄火，挖一點糖漿放到通風處或者冰箱裡面，測試糖漿凝結、凝固後的軟硬度（以讀者喜歡的軟硬度為主）。
- 如果煮過頭（變硬），一定要在還沒下任何果乾、果粒之前加入熱水攪拌（不可開火），等糖漿把水全部吃進後才可以開火稍微加熱。

🥄 作法

1-1

1-2

將 A 組材料全數倒入炒鍋內拌勻煮滾,煮滾加入 B 組材料拌勻。

2-1

2-2

接著加入 C 組材料與 D 組材料,加完要**一直攪動**,煮至大約 122℃,視所需軟硬度為主。

3-1

3-2

入糖盤後壓平、壓緊,**靜置兩天**後(表面要蓋好)再來切。

Part II

糕點系列

在社交聚會或者生日派對時，只要蛋糕一端上桌馬上都會變成當天的重頭戲，本書收有簡單好做的磅蛋糕、澎派療癒的慕斯蛋糕、緊密厚實的豆腐蛋糕，還有暢銷不敗的人氣小點：可麗露、瑪德蓮等，還不趕快學起來，成為往後聚會時奪人眼目的耀眼主角！

No.17

橙香花茶磅蛋糕

器具：SN2078

材料 (g)

蛋糕體

A	動物性鮮奶油	85
	水	18
	唐寧茶	12
B	上白糖	156
	香草莢醬	2
	蛋黃	115
C	發酵奶油	38
D	低筋麵粉	120
	泡打粉	2
E	橙皮	20

糖酒水

A	飲用水	60
	上白糖	20
B	柑曼怡香甜橙酒	30

甘納許

A	覆盆子果泥	10
	葡萄糖漿	3
B	嘉麗寶紅寶石巧克力	15
	白巧克力	10
C	發酵奶油	6

······ TIPS ······

● 此款蛋糕麵糊可以前一天先製作放入冷藏糊化，要烤時要拿到室溫環境回至常溫，才可以入爐烘烤。

● 大量製作蛋糕體，一出爐後馬上刷上糖酒水，刷完立刻包保鮮膜放冷凍保存。（同 53 頁，圖 10）

🍪 作法

一、蛋糕體

1

A 組材料（115g）全部放入鍋中加熱直到茶葉的香氣出來，煮完放一旁備用。

2

將 C 組材料隔水加熱至融化。

3

接著將作法 1 過篩秤重（茶葉要**壓乾**，把汁擠出來），不足的部分補動物性鮮奶油，秤至 115g 為止。

4

將 B 組材料全部放入盆中拌勻，拌到糖均勻散開（**不可打發**）。

5

將作法 3 加入作法 4 拌至均勻。

6

將作法 2 慢慢加入拌勻，拌勻後會有光澤。

7

8

把 D 組材料放入鋼盆中，將作法 6 先慢慢倒入一半。稍微攪拌後再把另外一半全部加入，拌完放置 3 個小時以上（才會糊化完成）。

9

最後倒入模具抹平，抹平後敲一下。

10

可以擠一條奶油或者用刮板沾沙拉油稍微壓在蛋糕中間，此舉是讓蛋糕裂開時，蛋糕體會對半裂開地較為漂亮。

11

放入烤箱內，以上下火：180 / 160℃烤 35 ～ 40 分鐘即可（視家中烤箱烤溫調整）。

二、糖酒水

將 A 組材料放到小煮鍋煮，煮至糖溶化（**不用滾**）。接著熄火將 B 組材料倒入，混和均勻即可。

三、甘納許

將覆盆子果泥加葡萄糖漿隔水加熱至融化。

接著將 B 組材料隔水加熱至融化（約 40℃）。

將作法 14、作法 15 加一起拌勻，再加入發酵奶油拌至均勻，最後放置一旁，降溫到 29℃ 就好囉！

四、組合

將剛出爐的蛋糕體拿出，**馬上**刷糖酒水（整個蛋糕體都需要刷），刷完立刻包保鮮膜，放入冷凍保存。

將蛋糕拿出後，把甘納許放入擠花袋，擠在蛋糕體上，最後再擺上喜歡的裝飾就完成囉！

檸檬果凍

材料 (g)

A			B		
水麥芽	80		吉利丁粉	12	
細砂糖	70		冷開水	60	
檸檬汁	100		C 檸檬酸	2	
			水	2	

1　先將 B 組材料泡開備用，要煮果凍時再隔水加熱。

2　將 A 組材料煮至 118℃ 後，加入溶化且溫度 70 ～ 80℃ 的作法 1 拌勻。

3　接著加入 C 組材料拌勻、入模，冰入冷藏至凝固狀態就完成囉！

糖漬水果

材料 (g)

A	
水	180
蘭姆酒	180
細砂糖	80
任何果乾皆可	適量

1　將 A 組材料煮至 100℃ 後熄火冷卻，將果乾倒入浸泡、醃漬，接著放入冷藏，放越久越香喔！

糖漬柳橙片

材料 (g)

冰糖	75
砂糖	75
柳橙	共 300

1　將柳橙用牙籤刺小洞，泡水 2 小時後換水進行第一次煮沸。

2　煮熟的柳橙換水放涼，泡水 8 小時之後再換一次水。

3　換好水的柳橙再放置 8 個小時，接著換水煮沸過後再換水放涼。

4　過 8 個小時後再煮滾，最後換水放涼（此過程需要 4 個工作天，換 6 次水）。

5　將柳橙切片，接著放入冰糖與砂糖。

6　過一天後將橙片煮滾，煮滾 15 分鐘後放至隔天再煮滾。

7　接著放進烤箱以 90℃，60 ～ 80 分鐘烘乾，也可以用果乾機烘。

榴槤磅蛋糕

器具：SN2078

材料 (g)

蛋糕體

A	發酵奶油	125
	上白糖	45
	海藻糖	45
	鹽	3
B	全蛋	110
C	動物性鮮奶油	100
	榴槤	100
D	低筋麵粉	130
	榴槤粉	10
	泡打粉	3
E	南瓜子	100

糖酒水

A	冷開水	60
	上白糖	20
B	柑曼怡香甜橙酒	30

TIPS

- 因為奶油與蛋液的比重不同，所以需要分次加入全蛋以免奶油與蛋液分離。
- 抹平時可以先將四個角壓緊，再往中間抹平。
- 打發蛋糕體時，盡量都以同方向旋轉的方式進行，以免消泡。
- 要吃蛋糕時記得要前一天先將蛋糕放至冷藏，接著在當日放至室溫時再吃喔！
- 放室溫回油 2 天後，蛋糕質地會變得比較鬆軟好吃喔！
- 請讀者依家中的烤箱需求設定溫度。

😋 作法

一、蛋糕體

1 將 C 組材料中的榴槤壓碎成泥狀，接著與動物性鮮奶油一起拌和。

2 將 A 組材料中的奶油稍微打散，再將 A 組其他材料全部一起加入打發，打到有光澤後，再分三次加入 B 組的全蛋打發（打到全蛋都吃進去）。

3 將作法 1 分次加入作法 2 中打至很發，呈現光亮麵糊樣（分次加入可以更容易被吸入）。

4 接著將 D 組材料全部加入，拌到**沒有粉**後加入南瓜子拌和。

5 將拌好後的蛋糕體倒入模具中，秤到 700g 左右開始整型、抹平。

6 可以擠一條奶油或者用刮板沾沙拉油稍微壓在蛋糕中間，此舉是讓蛋糕裂開時，蛋糕體會對半裂開地較為漂亮。

7 最後將蛋糕往桌子敲兩下，放至烤箱時，以上下火：190 / 150℃左右，烤 45 分鐘左右即可。

二、糖酒水

8 將 A 組材料放到小煮鍋煮，煮至糖溶化（**不用滾**）。

9 接著熄火將 B 組材料倒入，混和均勻即可。

三、組合

10 將剛出爐的蛋糕體拿出，**馬上**刷糖酒水（整個蛋糕體都需要刷），刷完後包保鮮膜直接放入冷凍，從冷凍拿出後擺上喜歡的裝飾就完成囉！

香蕉巧克力磅蛋糕

🍱 器具：SN2078

🐦 材料 (g)

蛋糕體		
A	發酵奶油	125
	黑糖	45
	白砂糖	45
	鹽	3
B	全蛋	110
C	動物性鮮奶油	65
	黑巧克力	65
	香蕉	130
D	低筋麵粉	140
	泡打粉	2
E	核桃	100

糖酒水		
A	水	60
	上白糖	20
B	柑曼怡香甜橙酒	30

TIPS

- 因為奶油與蛋液的比重不同，所以需要分次加入全蛋以免奶油與蛋液分離。
- 抹平時可以先將四個角壓緊，再往中間抹平。
- 打發蛋糕體時，盡量都以同方向旋轉的方式進行，以免消泡。
- 要吃蛋糕時記得要前一天先將蛋糕放至冷藏，接著在當日放至室溫時再吃喔！
- 放室溫回油 2 天後，蛋糕質地會變得比較鬆軟好吃喔！
- 請讀者依家中的烤箱需求設定溫度。

🌀 作法

一、蛋糕體

1 將 C 組材料的動物性鮮奶油隔水加熱，加熱到 50℃左右熄火，放入黑巧克力攪拌至融化。

2 將香蕉壓成泥狀後，再與作法 1 一起攪拌至均勻。

3 將 A 組材料中的奶油稍微打散，再將 A 組其他材料全部加入一起打發，打到有光澤後，再分三次加入 B 組的全蛋打發（打到全蛋都吃進去）。

4 將作法 2 **分次加入**作法 3 之中，打發至光亮。

5 接著將 D 組材料全部加入，拌到**沒有粉**後加入核桃拌均。

6 將拌好後的蛋糕體倒入模具中，秤到 700g 左右整型、抹平。

7 可以擠一條奶油或者用刮板沾沙拉油稍微壓在蛋糕中間，此舉是讓蛋糕裂開時，蛋糕體會對半裂開地較為漂亮。

8 最後將蛋糕往桌子敲兩下，放至烤箱時，以上下火：190 / 150℃左右，烤 50 分鐘左右。

二、糖酒水

9 將 A 組材料放到小煮鍋煮，煮至糖溶化（**不用滾**）。接著熄火將 B 組材料倒入，混和均勻即可。

三、組合

10 將剛出爐的蛋糕體拿出，**馬上**刷糖酒水（整個蛋糕體都需要刷），刷完後包保鮮膜直接放入冷凍，從冷凍拿出後擺上喜歡的裝飾就完成囉！

No.20

香橙蛋糕

器具：吐司模

材料 (g) ·········

A	蛋黃	70
	砂糖	22
	沙拉油	46
	柳橙汁	107
B	低筋麵粉	125
	泡打粉	1
C	蛋白	142
	塔塔粉 （檸檬汁 or 白醋 皆可）	1
	細砂糖	70
	鹽	1
D	橙絲 or 橙丁	適量

TIPS

- 分三次下糖的原因是希望蛋白的狀態會比較穩定。
- 攪拌時須以同方向且由外往內的方式進行喔！
- 請讀者依家中的烤箱需求設定溫度。
- 脫模方式：用抹刀靠邊刮一下，四個角往內推即可脫模。

🍳 作法 ....

1

將 A 組材料的沙拉油與柳橙汁拌勻，再加入糖與鹽攪拌至糖散混合，接著加入 B 組材料拌均。

2

倒入 A 組的蛋黃拌至均勻（不可出筋），放一旁備用。

3

將 C 組材料的蛋白與塔塔粉同時倒入鍋中，打至**反白冒出細緻泡沫**後，將糖分三次的方式加入逐次打發，過程中需等到蛋白呈現**溼性狀態**才能加下一次。

4

三次都加完後將蛋白打到**呈現小彎鉤**時即可。

5

將作法 3 的部分麵糊加一些到作法 2 的蛋黃糊裡。

6

再將拌好的麵糊倒回麵糊中輕輕拌均至沒有蛋白的狀態。

7-1 ▶ **7-2**

拌好後將蛋糕體倒入模具中，用刮板沾沙拉油稍微壓在蛋糕中間，此舉是讓蛋糕裂開時，蛋糕體會對半裂開地較為漂亮。

8-1 ▶

8-2 ▶

8-3

接著在蛋糕麵糊上放橙片，在桌子敲兩下後，放至烤箱，以上下火：185 / 150℃烤約 10 分鐘，上色後用刀將中間劃一刀，放入烤箱以上下火：160 / 170℃烤約 25 分鐘（全程共約 35 分鐘左右）。

抹茶豆腐蛋糕

📺 器具：好先生盤一盤

🐾 材料 (g)

蛋糕體			內餡		
A	無糖豆漿 or 鮮奶	180	F	紅豆餡	150
	沙拉油	64		動物性鮮奶油	適量
B	低筋麵粉	250			
	抹茶粉	12			
	泡打粉	3			
C	蛋黃	136			
D	蛋白	420			
	塔塔粉	0.5			
	（檸檬汁 or 白醋皆可）				
E	上白糖	180			
	海藻糖	60			

TIPS

- 拌勻後的抹茶粉需要再過篩一次，因為抹茶粉容易結粒，過篩可以使它更細緻且更容易拌開。
- 抹平蛋糕時可以先從四個角先開始，再往中間抹平。
- 切蛋糕時刀一定要從底部抽出來，不然會不美觀喔！
- 組合後的蛋糕一定要冰硬之後才能切出要的大小。
- 烤盤要舖白報紙喔！

作法

一、蛋糕體

將 A 組材料拌勻，接著過篩加入抹茶粉，拌勻後再次過篩，與 B 組的低筋麵粉、泡打粉拌勻，最後加入 C 組的蛋黃拌至均勻。

先將 D 組材料中 420g 的蛋白與塔塔粉放入攪拌機以**高速**攪拌，打發到**有紋路**後，將 E 組材料的糖分三次加入，加入最後一次時改成**中速**攪拌，攪拌至呈現**小鷹勾嘴**及光滑樣。

將作法 2 中的部分蛋白霜先倒入作法 1 中的蛋黃糊稍微拌勻，接著再倒回鋼盆拌勻。

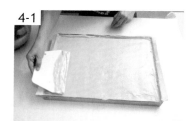

拌勻後入模、抹平，敲一下入爐烤。以上下火：200 / 150℃烤 25 分鐘左右，再轉以 180 / 150℃烤 15 分鐘左右，共約 40 分鐘。出烤箱後敲一下，脫模後蛋糕體就完成囉！

二、內餡　　　　　　　　　三、組合

5 將較硬的市售紅豆餡加入動物性鮮奶油調軟拌勻。

6-1 ▷ **6-2** 將紅豆餡全部抹平蓋住第一個蛋糕體，接著再蓋上另外一塊，放入冰箱冷藏，冰 30 分鐘定型後再來切出想要的大小。

7-1 ▷ **7-2** 依自己的需求切出需要長度的蛋糕，過篩撒上抹茶粉與糖粉後就完成囉！

No.22

芝麻豆腐蛋糕

⬛ 器具：好先生盤一盤

🍴 材料 (g)

蛋糕體

A	無糖豆漿	180
	沙拉油	64
	黑芝麻醬	20
	黑芝麻粉	20
B	低筋麵粉	210
C	蛋黃	136
D	蛋白	420
	塔塔粉	0.5
	（檸檬汁 or 白醋皆可）	
E	細砂糖	180
	海藻糖	60

內餡

F	動物性鮮奶油	300
	細砂糖	30
	黑芝麻醬	40

TIPS

👄 入模時需要鋪紙。

👄 抹平蛋糕時可以先從四個角先開始，再往中間抹平。

👄 切蛋糕時刀一定要從底部抽出來，不然會不美觀喔！

👄 組合後的內餡一定要冰硬之後才能切喔！

🍜 作法 ···

將 A 組材料的芝麻醬倒入無糖豆漿與沙拉油裡面拌均勻，再加入芝麻粉拌勻，再加入 B 組材料攪拌，最後加入 C 組材料拌至均勻（不可出筋）。

先將 D 組材料中 420g 的蛋白與塔塔粉放入攪拌機以**高速**攪拌，打發到**有紋路**後，將 E 組材料的糖分三次加入，加入最後一次時改以**中速**攪拌，攪拌至呈現**小鷹勾嘴**及光滑樣。

將作法 2 中的部分蛋白霜先倒入作法 1 的蛋黃糊中稍微拌勻，接著再倒回鋼盆拌勻。

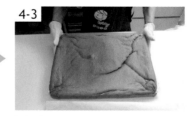

拌勻後入模、抹平，敲一下入爐烤。以上下火：200 / 150℃烤 25 分鐘左右，再轉以 180 / 150℃烤 15 分鐘左右，共約 40 分鐘。出烤箱後敲一下，脫模後蛋糕體就完成囉！

二、內餡

5

將 F 組材料打發即可。

三、組合

6-1

6-2

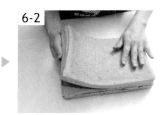

接著將芝麻內餡全部抹平蓋住第一個蛋糕體，接著再蓋上另外一塊，放入冰箱冷藏，冰 30 分鐘定型後再來切出想要的大小。

7-1   **7-2**

依自己的需求切出需要長度的蛋糕，最後過篩撒上芝麻粉後就完成囉！

黑糖巧克力蛋糕

⬛ 器具：好先生盤一盤

🍳 材料（g）

蛋糕體		
A	全蛋	300
	黑糖	110
	二砂糖	160
B	玄米油 or 沙拉油	35
	奶油	60
	70％巧克力	70
	鹽	1
C	低筋麵粉	125
	可可粉	45

甘納許		
A	動物性鮮奶油	60
	85％麥芽	20
	70％巧克力	150
	發酵奶油	30
	麥斯蘭姆酒	7

表面裝飾	
防潮可可粉	適量
防潮糖粉	適量
抹茶粉	適量

TIPS

- 過程中奶油需保溫。
- 因為巧克力的比重較重，所以需要分次加入以免消泡。
- 入模時需要鋪紙，可以在紙旁邊沾一點麵糊，這樣比較黏不會讓紙散開。
- 抹平蛋糕時可以先從四個角先開始，再往中間抹平。
- 此款蛋糕吃起來口感紮實，甜而不膩喔！

🥄 作法

一、蛋糕體

將 A 組材料隔水加熱,過程中需以「**全蛋式打法**」不斷攪拌以免蛋液燙熟,至 40℃時放入攪拌機以**中速**打發至可以**畫 8 且不會沉底**的狀態。

將 B 組材料沙拉油跟奶油隔水加熱至 50℃,接著加入 70％巧克力,等攪拌至巧克力全部融化後,加入可可粉攪拌均勻。

將低筋麵粉**用撒的方式**分次倒入作法 1 當中,並輕盈地拌它,避免消泡,拌至麵粉全都拌勻後即可。

接著將作法 3 中的部分麵糊先倒入作法 2 中的巧克力中,拌至均勻後倒回鋼盆拌勻,拌勻後入模、抹平。接著敲一下入爐烤,以上下火:180 / 160℃烤 15 分鐘左右。出烤箱後敲一下,脫模後蛋糕體就完成囉!

二、甘納許

將 A 組材料用**小火**隔水加熱煮至麥芽溶化(約 40 ～ 50℃)。並將巧克力以隔水加熱的方式融化至 40℃。

將巧克力加入麥芽中拌勻。
接著加入發酵奶油拌勻，最
後將蘭姆酒加入拌勻即可。

三、組合

切出需要長度的蛋糕後，抹上甘納許。將蛋糕一層一層疊上，疊完後在整個蛋糕體抹上甘納許，
抹完放入冷藏，待至隔天拿出回至常溫。

在表面依序過篩灑上防潮可可粉、防潮糖粉、抹茶粉就完成囉！

No.24

柚香巧克力蛋糕

 器具：6 吋蛋糕模、好先生盤一盤

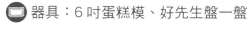 材料 (g)

巧克力蛋糕體

A	動物性鮮奶油	40
	鮮奶	90
	發酵奶油	20
	二砂糖	25
	檸檬皮	2
B	70% 巧克力	43
C	可可粉	15
	低筋麵粉	30
D	上白糖	50
	蛋白（常溫）	85
E	柚子汁	8
	柑曼怡香橙甜酒	8
F	蛋黃（常溫）	50
G	防潮可可粉	15

奶醬

A	動物性鮮奶油	60
	水	7
	檸檬皮	2
	葡萄糖漿	2
B	吉利丁粉	2
	水	10
C	白巧克力	55
D	柚子汁	28
	柑曼怡香橙甜酒	8

TIPS

● 隔水加熱，低溫烤的方式會使蛋糕質地更加綿密。

● 裝飾與擠花袋花嘴依讀者需求做選擇喔！

😋 作法

一、蛋糕體

1

將 A 組全部材料放入鍋中隔水加熱，加熱至奶油融化。

2

過篩將檸檬皮過濾出來，**秤至 177g**，不足的話加動物性鮮奶油。

3

將 C 組材料中的可可粉過篩倒入低筋麵粉中放一旁備用。

4-1

4-2

4-3

將 B 組材料中的巧克力隔水加熱至融化，融化後倒入作法 1 中拌均，最後再加入 E 組材料攪拌。

5

將作法 4 倒入作法 3 的粉中攪拌至均勻，再加入 F 組的蛋黃，放一旁備用。

6

將 D 組材料全部放入攪拌器打發。

7

打到呈現**溼性～中性發泡**之間時即可。

8-1

8-2

接著將作法 5 全部加入至作法 7 中拌勻，拌勻後倒入 6 吋的固定模具中，入模後敲一下。

將蛋糕模放在裝有水的烤盤之中，隔水加熱烤，以上下火：220 / 160℃烤 15 分鐘，上色後改成 160 / 160℃烤 45 分鐘，**且汽門要夾著手套留有縫隙**，總共約 1 小時。出烤箱後敲一下，脫模後蛋糕體就完成囉！

二、奶醬

將 A 組材料全部倒入小煮鍋中煮開，煮 20 分鐘讓檸檬皮的香氣出來。

接著過篩濾出檸檬皮，秤至 71g，不足的克數補動物性鮮奶油。

將 B 組材料的吉利丁粉加水變成吉利丁塊，再將吉利丁塊放入作法 11 中隔水加熱至 70℃。

放入白巧克力，等待巧克力融化（約 40℃），加入 D 組材料攪拌均勻，拌勻後包上保鮮膜放入冷藏（可前一天做好，且均質過後會更細緻）。

將靜置到隔天後的奶醬打發，打至**柔順狀態**後放入擠花袋中。將奶醬擠到蛋糕體上後，放上喜歡的裝飾就完成囉。

No.25

香蘭蒸蛋糕

器具：6 吋蛋糕模

材料 (g)

A	椰奶	30	D	蛋白	125
	沙拉油	15	E	上白糖	20
B	蛋黃	60		海藻糖	20
C	低筋麵粉	45	F	檸檬汁（或白醋）	1～2
	香蘭粉	5			

TIPS

- 攪拌時不可用力以免出筋，可以用 Z 字型或者旋轉的方式。
- 作法 3 盡量以順時針的方式由外往內拌和，且動作要輕盈。
- 蒸蛋糕時的火力不要太大，蒸籠鍋緣旁邊有微微冒煙即可。

🍳 作法 ·················

1

將 A 組材料拌至糊化後，把 C 組材料過篩加入攪拌，接著再加入 B 組材料的蛋黃攪拌。

2

將蛋白用攪拌器打發，並在過程中分三次加入糖，待蛋白打發至呈現**小小的彎鉤樣**即可。

3

先挖蛋白的一部分加進蛋黃糊中稍微攪拌。

4

再將其倒回鋼盆內與蛋白拌合。

5

拌和後倒入 6 吋模，將表面抹平，**抹平後輕敲 1～2 下**。

6

將蛋糕放到較大的鋼盆裡，接著用保鮮膜將全部封住。

7

保鮮膜需要在邊邊插 4 個洞讓蛋糕排氣（不在中間插洞是怕水蒸氣掉進去）。最後放進蒸籠蒸 40 分鐘。

8

蒸完後拆開保鮮膜，將蛋糕拿出放涼。

9

最後將蛋糕脫膜後就完成囉！

抹茶檸檬蛋糕

器具：好先生盤一盤、正方形模具

材料 (g)

蛋糕體

A	沙拉油	113
	抹茶粉	6
B	上白糖	35
	牛奶	113
	蘭姆酒	3
	鹽	1
C	低筋麵粉	75
	玉米粉	18
	香草莢醬	3
D	蛋黃	100
E	蛋白	200
	塔塔粉（檸檬汁 or 白醋皆可）	2
	上白糖	100

內餡

檸檬果泥（微退冰）	60
動物性鮮奶油	200
上白糖	20

糖酒水

A	水	60
	上白糖	20
B	柑曼怡香甜橙酒	30

表面裝飾

檸檬果凍（參考 P.51）	1 顆
抹茶粉	適量
防潮糖粉	適量

TIPS

 拌勻後的抹茶粉需要再過篩一次，因為抹茶粉容易結粒，過篩可以使它更細緻且更容易拌開。

 蛋糕體入模時需要鋪紙。

 用擠花袋擠內餡時，可以先從邊邊開始擠才會漂亮喔！

作法

一、蛋糕體

1

隔水加熱 A 組材料的沙拉油，加熱至 50℃左右後，加入抹茶粉過篩、拌勻。

2

將作法 1 過篩倒入鋼盆中，加入牛奶拌合，並逐一加入上白糖、鹽、蘭姆酒拌至均勻，過程中可以加少許香草萊醬。

3

再來將 C 組材料的低筋麵粉、玉米粉兩者一起加入攪拌，最後再加入 D 組材料的蛋黃，拌至均勻即可。

4

將 E 組材料中的蛋白、塔塔粉放入鋼盆**中高速**攪拌，將糖分三次加入，加到第三次時轉成**中速**，攪拌到呈現**小鷹勾嘴**樣即可。

5

將作法 4 中的部分蛋白霜先倒入作法 3 中稍微拌勻。

6

再倒回鋼盆攪拌，拌勻後入模、抹平。

7-1

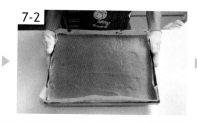

7-2

7-3

入烤箱前敲一下，以上下火：190 / 120℃烤 15 分鐘，將蛋糕體上色，接著再把溫度調整為：160 / 120℃烤 10 分鐘，共約 25 ～ 27 分鐘左右。出烤箱後敲一下，脫模後蛋糕體就完成囉！

二、內餡

8

將所有內餡材料放入鋼盆中打發，打發後裝入擠花袋備用。

三、組合

9

先在第一層蛋糕體表面上刷糖酒水，接著擠上一層內餡，將動作重複兩次後放入冷藏冰硬。

10

把冰硬過後的蛋糕拿出來後，抹平表面，灑上抹茶粉與防潮糖粉，最後放上果凍就完成囉！

彩虹千層蛋糕

材料 (g)

餅皮

A	奶油	30	E	蘭姆酒		8
B	全蛋	200	F	食用色素		
	上白糖	60		紅（紅麴粉）	適量	
C	低筋麵粉	50		橙（南瓜粉）	適量	
	玉米粉	30		綠（抹茶粉）	適量	
D	鮮奶	300		藍（蝶豆花粉）	適量	
	動物性鮮奶油	200		紫（紫薯粉）	適量	
	香草莢醬	2				

香緹內餡

馬斯卡彭	250
上白糖	60
動物性鮮奶油	250
香草莢醬	3

TIPS

- 煎麵皮時要隨時注意不要焦掉囉！
- 平底鍋塗奶油時連邊邊都要塗到喔！
- 在蛋糕轉台上放溼紙巾，再放蛋糕紙盤，這樣才比較不容易晃動喔！

作法

一、餅皮

1

將奶油直火加熱至 70℃。

2

把 B 組材料兩者拌匀至**糖散**後，將作法 1 慢慢倒入拌至均勻。

3

將 C 組材料分次倒入作法 2 中拌至糊化均匀。

4

再將 D 組與 E 組材料逐一加入拌至均匀。

5

將作法 4 過篩，蓋上保鮮膜後放冷藏，靜置 2 小時或是一夜。

6

將靜置好的麵糊分成 5 碗，並分別加入一滴食用色素攪拌均匀（也可以用天然色粉）。

7

用**平底鍋**煎。在煎之前先在鍋中塗一次奶油，塗完把油擦掉。

8

接著把麵糊分別秤出 3 份，各別為 28g，秤完後下鍋煎，煎出香味後翻面，直到表面呈現金黃就完成囉！

二、香緹內餡

9

先將馬斯卡彭與糖輕輕拌合，拌和後加少許香草莢醬拌至均匀，放一旁備用。

10

將動物性鮮奶油打發，放冷藏備用。

11

將作法 9 鋼盆中的麵糊倒入作法 10 中輕輕拌至均匀即可。

三、組合

12

以**每色 3 片**餅皮的方式，依序抹 18～20g 內餡後疊上去，如：紅色 3 片→橙色 3 片→綠色 3 片→藍色 3 片→紫色 3 片，接著再重複一次，**共 30 層**。

日式福袋

🍱 材料（g）

餅皮 參考 P.74 彩虹千層蛋糕的餅皮材料

蛋糕體 參考 P.72 抹茶檸檬蛋糕的蛋糕體材料

香緹內餡 參考 P.74 彩虹千層蛋糕的香緹內餡材料

🍳 作法

一、餅皮	二、蛋糕體	三、香緹內餡
參考 P.74 彩虹千層蛋糕的餅皮作法。	參考 P.72 抹茶檸檬蛋糕的蛋糕體作法。	參考 P.74 彩虹千層蛋糕的內餡作法。

四、組合

1

取一餅皮抹上香緹內餡，用圓形模將蛋糕體蓋出兩塊。

2

將蛋糕放在餅皮上，在第一塊蛋糕上方塗一層內餡，擠上喜歡的果醬；並在第二塊蛋糕下方抹上香緹。

3

蓋上第二塊蛋糕後，將內餡抹在全部的蛋糕體外層，抹完後將餅皮用摺裙擺的方式折起來就完成囉！

器具：好先生盤一盤

材料 (g)

虎皮巧克力瑞士捲

No.29

蛋糕體

A 蛋白　　　　　　　　200
　　塔塔粉（或檸檬汁）　2
　　上白糖　　　　　　100
B 沙拉油　　　　　　　113
　　可可粉　　　　　　　20
　　蘇打粉　　　　　　　3
C 細砂糖　　　　　　　35
　　牛奶（或奶水）　　113
　　蘭姆酒　　　　　　　3
　　鹽　　　　　　　　　1
D 低筋麵粉　　　　　　75
　　玉米粉　　　　　　　18
　　香草莢醬　　　　　　3
E 蛋黃　　　　　　　　100

虎皮

A 蛋黃　　　　　　　　255
　　上白糖　　　　　　　90
B 低筋麵粉　　　　　　20
　　玉米粉　　　　　　　10

內餡

動物性鮮奶油　　　　300
砂糖　　　　　　　　10
香草莢醬　　　　　　2

TIPS

● 可可粉一定要先跟油融合以免結粒喔！
● 虎皮烤出來後，因為很薄所以烤紙要非常小心地撕喔！

😋 作法

一、蛋糕體

先將 A 組材料中的蛋白與塔塔粉倒入鋼盆用攪拌機以**中速**攪拌，打發到**有紋路**後，將上白糖分三次加入，至最後一次時，轉**中速**攪拌至呈現**小鷹勾嘴**樣即可。

將 B 組的沙拉油隔水加熱至 50℃ 取出，倒入可可粉與蘇打粉後拌勻，再倒入 C 組的牛奶拌勻，最後加入 C 組的其他材料。

將 D 組與 E 組材料倒入作法 2 拌勻。

先取一部分的蛋白霜倒入作法 3 中攪拌，接著全部倒回鋼盆內拌勻，拌勻後入模、抹平。

抹平後敲一下入爐烤，以上下火：190 / 120℃ 烤 15 分鐘左右，再轉以 160 / 120℃ 烤 12 分鐘左右，共約 27 分鐘。

二、虎皮

將 A 組材料的蛋黃與上白糖放入鋼盆中隔水加熱，稍微攪拌至均勻後，熄火取出。

將材料打發至可以**畫 8 且不會沉底**的狀態。

將 B 組材料中的粉倒入作法 7 拌勻至沒有粉的狀態，拌勻後**馬上**入模、抹平。

9

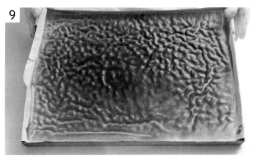

完成後敲一下，**馬上**入烤箱烤，以上下火：
210 / 0℃ 烤 6 ～ 8 分鐘。烤完脫模即可。

三、內餡

10

將 300g 的動物性鮮奶油加入香草莢醬與白砂
糖，打發至**中性發泡**即可。

四、組合

11-1

11-2

將內餡均勻地抹至虎皮上，
接著將蛋糕體壓在抹內餡的
虎皮上，且蛋糕體一定要比
虎皮**多出來一些**。

12-1

12-2

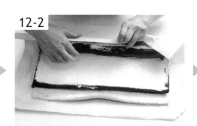

12-3

最後將蛋糕體塗上需要的內餡量後，在前端的蛋糕部分輕輕劃 3 刀（**不能斷**），捲起來後放入
冷藏冰硬，冰硬後才能切出想要的大小喔！

提拉米蘇

器具：6 吋蛋糕模一個

材料 (g)

蛋糕體		慕斯			咖啡酒	
參考 P.72 抹茶檸檬蛋糕的蛋糕體材料		A	蛋黃	30	濃縮咖啡	5
			蜂蜜	20	水	25
			糖粉	15	咖啡酒	5
		B	吉利丁片	1.5 片	表面裝飾	
		C	瑪斯卡邦乳酪	190	防潮可可粉	適量
		D	動物性鮮奶油	190		

TIPS

- 蛋黃加熱到 80℃是為了殺菌。
- 慕斯的動物性鮮奶油如果打太發，可以加一點動物性鮮奶油拌一下。
- 慕斯放冷凍可以冰一個月。

作法

一、蛋糕體

參考 P.72 抹茶檸檬蛋糕的蛋糕體作法。並用慕斯框壓出蛋糕大小。

二、慕斯

將 A 組材料隔水加熱至 80℃，接著加入泡軟的吉利丁片拌勻，再加入 C 組材料拌勻放涼。

將 D 組材料打發至約 **7 分發**（**會有流動狀**），放入冷藏備用。

最後將作法 2 加入作法 1 輕輕地拌和，放一旁備用。

三、咖啡酒

全部材料一起拌勻即可。

四、組合

在第一層蛋糕體表面上刷上咖啡酒。

抹上需要厚度的慕斯，蓋上第二層蛋糕體。

在第二層蛋糕體上再刷一層咖啡酒。

在蛋糕體上抹上一層慕斯，放入冷凍，放置一天後撒上防潮可可粉，接著將透明紙片撕掉，在蛋糕體外層抹上打發後的動物性鮮奶油後就完成囉！

芒果慕斯

⬛ 器具：8 吋蛋糕模一個

🍥 材料 (g)

蛋糕體

參考 P.72 抹茶檸檬蛋糕的蛋糕體材料

餅乾底

參考 P.95 自製餅乾底的作法

慕斯

A	吉利丁片	4 片
B	芒果果泥	200
	蛋黃	120
	上白糖	50
C	動物性鮮奶油	200
D	檸檬汁	20

奶醬

芒果果泥	70
蛋黃	15
上白糖	10
吉利丁塊	10

表面裝飾

芒果	適量

糖酒水

冷開水	25
上白糖	15
芒果果泥	20

TIPS

- 擠上一層慕斯後，放入冷藏冰硬是爲了讓奶醬與慕斯有層次感。
- 蛋黃加熱到 80℃是爲了殺菌。
- 慕斯的動物性鮮奶油如果打太發，可以加一點動物性鮮奶油拌一下。
- 此蛋糕放冷凍可以冰一個月。
- 用擠花袋擠慕斯時，可以先從邊邊開始擠才會漂亮喔！
- 蛋糕體需要比慕斯框小喔！
- 吉利丁塊→吉利丁粉：冷開水＝ 2g：10g

※ 剖面示意圖

→ 慕斯
→ 蛋糕
→ 奶醬
→ 慕斯
→ 餅乾底

🌀 作法

一、蛋糕體

參考 P.72 抹茶檸檬蛋糕的蛋糕體作法。

二、慕斯

先將 B 組材料隔水加熱至 80℃，過程中要**一直攪拌**以免蛋熟化，接著加入 A 組材料攪拌，放涼後加入 D 組材料攪拌。

將 C 組材料打發至約 **7 分發（還有流動狀）**，放入冷藏備用。

最後將作法 2 加入作法 1 輕輕地拌和，拌合後入擠花袋備用。

三、糖酒水

將全部材料拌勻即可。

四、奶醬

將全部材料隔水加熱到融化（80℃），過程中要**不停攪拌**以免蛋熟化。

五、組合

先鋪上第一層餅乾底放入冷藏冰硬，冰硬拿出後擠入慕斯放入冷藏再次冰硬。

拿出冰硬後的蛋糕，擠入奶醬，擠完後放上蛋糕體，接著再放入冷藏冰硬。

把再次冰硬的蛋糕拿出來，先在蛋糕體表面上刷糖酒水，再擠入需要厚度的慕斯，擠完放冷凍冰硬。

靜置一天後拿出蛋糕，擺上表面裝飾就完成囉！

紅莓慕斯

器具：正方形模具

材料（g）

蛋糕體

參考 P.72 抹茶檸檬蛋糕
的蛋糕體材料

慕斯

A	覆盆子果泥	100
	（或紅莓果泥）	
	蛋黃	60
	上白糖	20
	吉利丁塊	20
B	動物性鮮奶油	176
C	檸檬汁	9

奶醬

A	動物性鮮奶油①	33
B	吉利丁塊	10
C	白巧克力	28
D	動物性鮮奶油②	133
E	柑曼怡甜酒	10
	香草莢醬	2

酥粒

參考 P.94 酥粒的作法

餅乾底

參考 P.95 自製餅乾底
的材料作法

糖酒水

冷開水	60
上白糖	20
柑曼怡香橙甜酒	30

--- TIPS ---

- 慕斯的動物性鮮奶油如果打太發，可以加一點動物性鮮奶油拌一下。
- 慕斯放冷凍可以冰一個月。
- 用擠花袋擠慕斯時，可以先從邊邊開始擠才會漂亮喔！
- 吉利丁塊→吉利丁粉：飲用水 = 1g：5g

※ 剖面示意圖

→ 慕斯
→ 蛋糕
→ 奶醬
→ 餅乾底

🍴 作法

一、蛋糕體

參考 P.72 抹茶檸檬蛋糕的蛋糕體作法。

二、慕斯

1

將 A 組材料隔水加熱，過程中要**不停地攪拌至 80℃**（以免蛋熟化）。

2

將 A 組的吉利丁塊加入作法 1，拌勻後放涼。

3

將 B 組材料打發至約**7 分發（會有流動狀）**，放入冷藏備用。

4

將作法 3 加入作法 2 輕輕地拌和，拌合後入擠花袋備用。

三、奶醬

5

將 A 組材料隔水加熱至 80℃後，分次加入 B 拌勻、加入 C 拌勻、加入 D 拌勻、加入 E 拌勻（如果要擠花，可以前一天製作好放冷藏，放至隔天打發後即可）。

四、組合

6-1

6-2

6-3

在第一層放上酥粒餅乾底，接著倒入一層奶醬，倒完後蓋上第一層蛋糕體，並放入冷藏冰硬。

7-1

7-2

7-3

拿出冰硬後的蛋糕，刷上一層糖酒水後，擠上一層慕斯，放入冷凍冰硬，拿出後擺上表面裝飾就完成囉！

黑金毛巾捲

🍴 材料（g）

蛋糕體

A	奶油	15
B	全蛋	100
	上白糖	30
C	低筋麵粉	25
	玉米粉	15
D	鮮奶	150
	動物性鮮奶油	100
	香草莢醬	2
E	蘭姆酒	3
	竹炭粉	6
F	OREO 餅乾碎	適量

香緹鮮奶油

動物性鮮奶油	100
馬斯卡彭	100
上白糖	10
香草莢醬	2

表面裝飾

金粉	適量

TIPS

- 平底鍋塗奶油時連邊邊都要塗到喔！
- 餅皮就算不美觀也可以包在裡面喔！
- 煎麵皮時要隨時注意不要焦掉囉！

😋 作法

一、餅皮

將奶油直火加熱至 70℃。把 B 組材料兩者拌勻至**糖散**後，將作法 1 慢慢倒入拌至均勻。

3

將 C 組材料兩者與 E 組的竹炭粉放在一起，分批倒入作法 2 中。

4

拌至糊化均勻後，再將 D 組與 E 組材料的蘭姆酒逐一加入，拌至均勻。

5

將作法 3 過篩，蓋上保鮮膜後放冷藏，靜置 2 小時或是一夜。

6

將靜置好的麵糊拿出，分別秤出 40g。

7

用直徑 22 公分的平底鍋煎。在煎之前先在鍋中塗一次奶油，塗完把油擦掉。

8

接著將麵糊倒下去煎，煎的過程中需翻面。

二、香緹鮮奶油

9

先將馬斯卡彭與糖輕輕拌合，拌和後加少許香草莢醬拌至均勻，放一旁備用。

10

將動物性鮮奶油打發，放冷藏備用。

11

將作法 9 鋼盆中的麵糊倒入作法 10 中輕輕拌至均勻即可。

三、組合

12-1

▶

12-2

將餅皮以 2x2 或者 1x4 的方式鋪底（左圖中為 2x2 的作法），抹上內餡後撒上 OREO 餅乾屑，最後捲起來，捲至需要的厚度就完成囉！

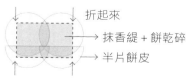

※方法一：2 x 2
折起來
→抹香緹 + 餅乾碎
→半片餅皮

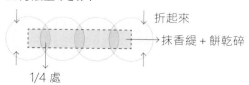

※方法二：1 x 4
折起來
→抹香緹 + 餅乾碎
1/4 處

果醬瑪德蓮

器具：瑪德蓮蛋糕模　　份量：約 10 個

材料（g）

A	發酵奶油	90	D	上白糖	45
B	牛奶	13		鹽	1
	水果酒	4		海藻糖	45
	蛋白	110	E	草莓果醬	適量
C	低筋麵粉	45			
	杏仁粉	40			
	果醬	8			
	泡打粉	3			

🍳 作法

1

將 A 組材料**直火焦化**（讓奶油有獨特的焦香味），待表面呈現金黃色泡泡後熄火過濾，放涼備用。

2

將 B 組材料拌勻後逐一加入 D 組材料，拌勻至**糖散**，接著再加入 C 組材料拌至均勻。

3-1

3-2

3-3

將作法 1 分次加入作法 2 拌勻，可以**過篩 or 用均質機**（如此做可以更細緻），拌勻後過篩包上保鮮膜，靜置 3 小時以上或放置隔夜（可以前一天先做）。

4

將靜置過的麵糊放入擠花袋中。

5

在瑪德蓮模具盤刷上奶油。

6

將麵糊擠至 8 ～ 9 分滿（約 25g）的狀態。

7-1

7-2

完成後在中間擠上草莓果醬。最後放入烤箱，以上下火：210 / 160℃ 烤 8 分鐘，上色後改 180 / 180℃ 烤 8 分鐘。

巧克力瑪德蓮

器具：瑪德蓮蛋糕模　份量：約 10 個

材料 (g) ......

A	發酵奶油	90	D	上白糖	45
B	牛奶	13		鹽	1
	水果酒	4		海藻糖	45
	蛋白	110	E	巧克力	適量
C	低筋麵粉	45			
	杏仁粉	40			
	可可粉	13			
	泡打粉	3			

🌀 作法

將 A 組材料**直火焦化**（讓奶油有獨特的焦香味），待表面呈現金黃色泡泡後熄火過濾，放涼備用。

將 B 組材料拌勻後逐一加入 D 組材料，拌勻至**糖散**，接著再加入 C 組材料拌至均勻。

將作法 1 分次加入作法 2 拌勻，可以**過篩 or 用均質機**（如此做可以更細緻），拌勻後過篩包上保鮮膜，靜置 3 小時以上或放置隔夜（可以前一天先做）。

將靜置過的麵糊放入擠花袋中。

在瑪德蓮模具盤刷上奶油。

將麵糊擠至 8～9 分滿（約 25g）的狀態。

完成後在中間放上巧克力。最後放入烤箱，以上下火：210 / 160℃烤 8 分鐘，上色後改 180 / 180℃烤 8 分鐘。

可麗露

器具：可麗露模具　　份量：約 12 個

材料 (g)

A	鮮奶	430	D	蛋黃	50
	香草莢醬	5		全蛋	86
B	奶油	20	E	低筋麵粉	86
C	上白糖	170	F	麥斯蘭姆酒	20
	海藻糖	47	G	奶油	10

🌀 作法

將 B 組的奶油隔水加熱至融化。

將 A 組材料拌至均勻放一旁備用。

將 C 組與 D 組材料加一起拌均至**糖散**。

把 E 組材料加入拌和，接著把作法 1 與作法 2 倒入攪拌。

攪拌完成後包上保鮮膜靜置一天（可前一天做好）。

將作法 4 再次過篩後加入 F 組材料拌勻，倒入模型。

在可麗露的模具中刷上奶油。

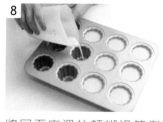

將回至室溫的麵糊過篩倒至模具，差不多 8 ～ 9 分滿的狀態。

將其放置烤箱內，以上下火：200 / 220℃ 烤 70 分鐘。出爐就完成囉！

酥粒

🥄 材料 (g)

發酵奶油	150	杏仁粉	150
二砂糖	150	低筋麵粉	150

TIPS

● 用二砂糖目的是增加酥粒酥脆度。

🥄 作法

先將冷藏過後的奶油直接切成丁狀，接著全部材料倒入。用刮板或手將奶油與粉揉捏成**顆粒狀**。

鋪上烤盤進入烤箱，以 150℃ 烤至金黃色，約 30 分鐘。出爐後抓散就完成囉！

自製餅乾底

材料 (g)

A　32%白巧克力　　8

B　酥粒　　　　　　30
　　巴瑞脆片　　　　5
　　花生醬　　　　　10
　　(or巧克力 or 芝麻醬)
　　鹽　　　　　　　1

> **TIPS**
> 模具內記得要放上一層塑膠膜這樣才好拿起喔！

作法

將白巧克力用隔水加熱的方式融化，接著將 B 組材料加入用手拌至均勻。

放入餅乾模具中依自己的需求壓緊、壓平，放入冷藏冰硬。

Part III

伴手禮系列

本書的伴手禮系列集合了 18 道豐富多樣的美味點心，有
創新又不失傳統的米香、外表如同蜜桃一般的蛋黃酥，亦
或是市面上熱銷的一口方塊酥，多樣的選擇讓你送禮自用
兩相宜，在珍貴的佳節時刻，還是偷得浮生半日閒的小憩
時間，都能夠享用美味的最佳點心。

卡拉棒

材料（g）

韓國麵色粉	250
全蛋	25
冰水	183
發酵奶油	85
沙拉油	13
帕馬森起司粉	60

TIPS

● 在擠的過程中可以放一個紙條當作測量長度的工具。

● 可先將旋風爐預熱至 150℃。

● 若沒有旋風爐，可以用層爐：180℃烤 10 分鐘，降 150℃再 30 分鐘。

😀 作法

1

將所有食材放入鋼盆內。

2

先用**低速**拌成團，接著再用**中速**攪拌 2 分鐘，攪到麵團**有黏性**即可。

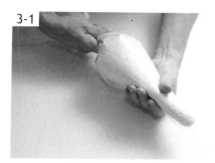

3-1

3-2

完成後裝入擠花袋，用擠花袋擠出需要的長度即可。

4-1

4-2

接著放入旋風爐中，用 150℃烤 30 分鐘，烤出來就完成囉！

No.38 卡拉Q餅

📺 器具：好先生盤一盤

🌀 材料 (g)

A	愛可米蛋白霜	60	C	無水奶油	80	F	草莓粒	適量
	冷開水	60		白巧克力	20		芒果粒	適量
B	水	125	D	奶粉	45		藍莓粒	適量
	海藻糖	50		酪乳粉	30	G	防潮糖粉	12
	鹽	4		野梅粉	15		奶粉	12
	乳糖	100	E	卡拉棒	800			
	水麥芽	500		草莓乾	200			
	S350 糖漿	30		南瓜子	100			
				杏仁條	100			

TIPS

- 將堅果與無水奶油先放置烤箱保溫（上下火 130℃）。
- 在切糖時，器具最好都先噴烤盤油，若無則可用沙拉油替代。
- 整形時可以戴棉織手套再加耐熱手套以免燙傷。
- 整形可以用身體的力氣去壓，這樣比較省力。
- 煮糖溫度須隨天氣氣溫來調高低。

作法

1

將 A 組材料全部倒入鍋內，先用手拿**槳狀攪拌器**稍微拌勻，接著再放入攪拌器的鋼盆內打至**硬性發泡**。

2

將 B 組材料全部倒入小煮鍋，煮至中心溫度 123℃後熄火。

POINT

作法 2 的溫度為瓦斯的 10 ～ 11 點鐘方向，不是小火！

3

將 C 組材料拌勻，再將 D 組材料倒入，稍微拌勻後備用。

4

將作法 2 倒入鋼盆內用攪拌器拌勻，接著將鋼盆取出，慢慢倒入作法 3 中，倒完後放回攪拌器用**低速**攪拌幾秒，不需均勻。

5

攪拌完後，將材料從鋼盆取出來放至箱子內，把糖底用**壓拌**的方式壓開攤平，倒入 E 組材料後，將其全部揉捏拌均。

6

接著趁熱放入 3 公分的烤盤整形，全部壓平後撒上 F 組材料，壓平即整形完成。

7

在表面過篩撒上 G 組材料。

8

放至微溫後用糖尺切出所需要的大小，切完就完成囉！

一口酥餅

🦃 材料 (g)

油皮

中筋麵粉	150
細砂糖	20
鹽	1
水	76
無水奶油	3

油酥

低筋麵粉	330
無水奶油	195
鹽	1
二砂糖	150

表面裝飾

熟白芝麻	50

TIPS

- 油皮包油酥時，需撒手粉（高筋麵粉）防止沾黏。
- 若油皮包油酥擀不動時，可以再放回塑膠袋鬆弛。
- 如果油皮太硬加水，如果油酥太硬加無水奶油。
- 油皮、油酥軟硬度需一致。

👄 作法

一、油皮

1-1	1-2	1-3

將油皮的所有材料放入鋼盆中，稍微用手拌勻後，先下 **8 分水**，稍微揉成團後再將剩下的水慢慢加入，拌成團有**耳垂的軟硬度**後放到桌上揉，看筋度（**捲起來筋度還有阻力**）。

將麵團揉至**光滑**後,包上塑膠袋稍微壓平,放置一旁醒麵團醒 20 分鐘。

二、油酥

將油酥所有材料放至鋼盆中,手以按壓的方式拌勻成團(不可出筋),拌完後放一旁備用。

三、組合

用**大包酥手法**,用油皮把油酥包住黏起來,黏完後壓平,將擀麵棍放在餅皮中間輕輕推,擀平後**折 3 折**,重複動作 **4 次**(每一次動作都需蓋上塑膠袋鬆弛再來擀),完成後一切為二。

切完後將餅皮擀平成 0.3 ～ 0.5 公分厚度,完成後灑上熟白芝麻,用擀麵棍壓平讓芝麻與餅皮融合。

將完成的芝麻餅皮切想要的大小。

切完後進烤箱烘烤,以上下火:190 / 190℃ 烤 20 分鐘後就完成囉!

甜心酥

材料 (g)

餅乾	參考 P.102 一口酥餅的餅乾材料
糖體	參考 P.100 卡拉 Q 餅的材料

表面裝飾

草莓乾　　　適量

作法

一、餅乾

參考 P.102 一口酥餅的餅乾作法。

二、糖體

參考 P.101 卡拉 Q 餅的作法。

三、組合

1

將糖體冷卻後秤至 5g 逐一分開。

2

在糖體中包入草莓乾。

3

最後用一口酥餅上下蓋住就完成囉！

咖哩酥

🍳 材料（g）

油皮：15g

法國粉	95
糖粉	13
無水奶油 or 豬油	42
水	40

油酥：14g

咖哩粉	16
低筋麵粉	109
無水奶油 or 豬油	50

內餡：10g

豬油 or 沙拉油	11
豬絞肉（粗）	100
鹽	1
二砂糖	1
白胡椒粉	1
醬油	6
熟白芝麻	5
油蔥酥	8
咖哩粉	8
市售咖哩餡（一顆量）	25

TIPS

- 油皮包油酥時，可以用撒手粉（高筋麵粉）在桌上或手上，防止沾黏。
- 如果油皮太硬加水，如果油酥太硬加無水奶油。
- 咖哩粉可以先炒熱增加香氣。
- 油皮、油酥軟硬度需一致。

🍳 作法

一、油皮

1

將油皮的所有材料放入鋼盆中，稍微用手拌勻後，先下 **8 分量的水**。

2

稍微揉成團後再將剩下的水慢慢加入，拌至團**有耳垂的軟硬度**後放到桌上揉。

3

將麵團揉至**光滑**後，包上塑膠袋稍微壓平，放置到一旁將麵團醒 20 分鐘，接著分割成一個 15g。

二、油酥

4

將油酥所有材料放至鋼盆中。

5

手以按壓的方式拌勻成團（不可出筋），拌完後分割成一個 14g，放一旁備用。

三、內餡

6

先將咖哩粉下炒鍋中炒香，接著倒入沙拉油熱鍋，再來下豬肉炒，炒至豬肉的油出來為止。

7

接著下醬油、鹽、白胡椒粉、糖。

8

炒出香氣後倒入咖哩粉、白芝麻與油蔥酥，炒完放涼備用。

9

將市售的咖哩豆沙餡包住豬肉餡成團即可（豆沙餡 25g+內餡 10g）。

四、組合

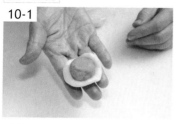

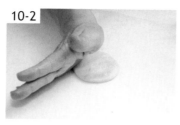

以油皮 15g 與油酥 14g 各分成一團，用**小包酥手法**將油皮包油酥包起來，接著用掌心將其壓扁，用擀麵棍擀平折起來，**擀捲 2 次**後捲起來放置一旁鬆弛。

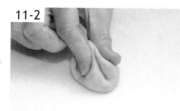

將捲起來的部分從**對接處**向下壓，壓完後**轉向**捏起，稍微向下壓出圓形的狀態後，用擀麵棍擀平。

包入內餡，缺口向上包緊。將包好的麵團刷上蛋黃液，並黏上芝麻，黏好入烤箱，先以上下火：180 / 190℃烤 25 分鐘，再以 170 / 190℃烤 15 分鐘左右。

繽紛螺旋酥

份量：約 12 顆

材料 (g)

油皮：40g	
中筋麵粉	86
低筋麵粉	43
糖粉	15
無水奶油	55
水	53

油酥：40g	
低筋麵粉	140
無水奶油	65

內餡：35g	
米酒	適量
芋頭泥＋蛋黃	35

色粉	
紅麴粉	15
紫薯粉	18
抹茶粉	8
蝶豆花粉	15
竹炭粉	8

作法

一、油皮

1

將油皮的所有材料放入鋼盆中，稍微用手拌勻後，先下 **8 分量的水**，稍微揉成團後再將剩下的水慢慢加入，拌成團**有耳垂的軟硬度**後放到桌上揉。

2

將麵團揉至**光滑**後，包上塑膠袋稍微壓平，放置到一旁將麵團醒 20 分鐘，醒好後把油皮捏出 40g 出來。

二、油酥

3

將油酥所有材料放至鋼盆中，手以按壓的方式拌勻成團（不可出筋）。

4

將油酥（205g）分成 5 個，接著各別用壓拌的方式與色粉混成團。

5

再將染好色的油酥分割（一個 20g）出來。

三、內餡

6-1

6-2

先用米酒將蛋黃洗淨，將蛋黃放置烤盤後在上方撒上鹽巴，放入烤箱，以上下火 150 / 150℃下去烤 15 分鐘，每烤 5 分鐘噴一次米酒，出爐後再噴一次米酒（烤半熟即可）。接著把蛋黃放在芋頭泥上，將蛋黃包住成團。

四、組合

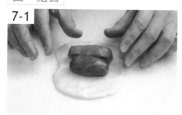

7-1

7-2

7-3

用**小包酥手法**，首先用**橫的方式**讓油皮把油酥包住黏起來，黏完後**轉 90 度**（橫轉直），用手稍微向下壓平。

8-1

8-2

8-3

將擀麵棍放在麵皮中間輕輕推，擀平後捲起來，捲起來後放進塑膠袋中鬆弛（差不多 15 分鐘）。

將鬆弛後的麵團拿出來後從**缺口**的部分先壓，接著用擀麵棍推長（差不多 40 ～ 50cm），推完後捲起來放進塑膠袋中鬆弛。

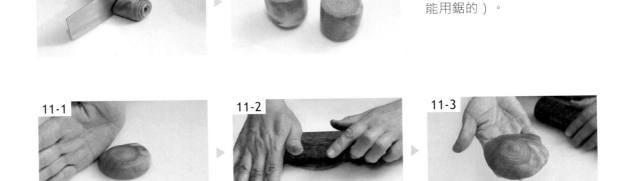

接著一刀到底切成兩半（不能用鋸的）。

用手的虎口從麵團的**切口面下壓**，讓想要的顏色在正中間，壓完後翻面（麵團切口面向下），用擀麵棍稍微壓一下，接著用由外往中心的方式去擀，讓麵團呈現外薄內厚的狀態。

將麵皮包上內餡，轉向後用手慢慢、輕輕地將餅皮包住，過程中不能拉扯，包完後放入烤箱，以上下火：170 / 185℃的方式烤 30 ～ 40 分鐘（視家中烤箱需求設定溫度）。

No.43

蜜桃酥

📏 份量：約 12 顆

🥣 材料 (g) ···

油皮：15g

低筋麵粉	69
中筋麵粉 or 法國粉	25
無水奶油	36
糖粉	13
冰水	38

油酥：15g

低筋麵粉	130
無水奶油	52

內餡：35g

綠豆餡	180
蛋黃粉	120

表面裝飾

草莓香精	適量

─────── TIPS ───────

● 如果油皮太硬加水，如果油酥太硬則加無水奶油。

● 軟硬度需要一致，軟一點比較好操作。

🥄 作法

一、油皮

1-1

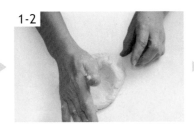

1-2

1-3

將油皮的所有材料放入鋼盆中，稍微用手拌勻後，先下 **8 分量的水**，稍微揉成團後再將剩下的水慢慢加入，拌成團有**耳垂的軟硬度**後放到桌上揉。將麵團揉至光滑後，包上塑膠袋稍微壓平，放置到一旁將麵團醒 20 分鐘，醒好後把油皮分割 15g 出來。

二、油酥

2-1

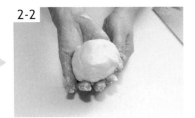

2-2

將油酥所有材料放至鋼盆中，手以按壓的方式拌勻成團（不可出筋），拌完後各別分割成 15g，放一旁備用。

三、內餡

3-1

3-2

先將綠豆餡打至綿密，接著將烤好的蛋黃打成粉狀，倒入綠豆餡中揉捏成團，並分成 15g 一個。

四、組合

4-1

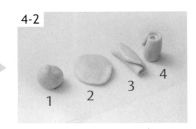

4-2

將油皮 15g 與油酥 15g 用**小包酥手法**，將油皮包油酥包起來，接著用掌心將其壓扁，用擀麵棍擀平捲起來，再擀捲一次後（共 2 次）捲起來放置一旁鬆弛。

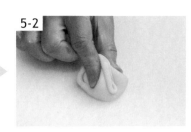
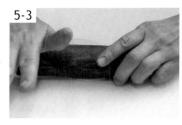

將捲起來的部分從對接處向下壓，壓完後轉向捏起，接著稍微向下壓，壓出圓形的狀態後，用擀麵棍擀平。

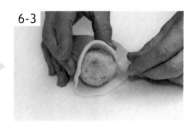

擀好的麵皮中間割一刀，把內餡捏成錐狀放在圓形麵皮上，最後捲起來包住，包住後會像桃子樣。

在包好的麵團刷上草莓香精，放入烤箱，先以上下火：180 / 190℃烤 25 分鐘，再以170 / 190℃烤 15 分鐘左右。

No.44

花生肉鬆折折餅

🫙 份量：約 15 片

👑 材料（g）

TIPS

低筋麵粉都需要
過篩喔！

餅皮：25g

A	發酵奶油	83
B	蛋白（常溫）	84
	上白糖	98
	鮮奶（常溫）	38
	鹽	1
C	低筋麵粉	83
	紅麴粉	15

內餡

花生醬	150
肉鬆	50

114

🍳 作法

一、餅皮

1

先將 A 組材料隔水加熱用小火攪拌至融化（約 60℃）放一旁備用。

2

把 B 組材料加入鋼盆中，攪拌至糖散後加入 C 組材料，將所有粉類攪拌至均勻散開。

3

將作法 1 分 2～3 次倒入作法 2 之中攪拌均勻，拌完放冷藏 3 小時以上（可前一天做好）。從冷藏拿出後回至室溫，裝入擠花袋備用。

二、組合

4-1

4-2

先將模具抹奶油加熱，加熱至 200℃後擠入 25g 餅皮麵糊，擠完蓋上蓋子煎。

5-1

5-2

5-3

煎到麵糊的聲音變小後，在中間放入內餡。先將餅皮左右兩邊對折，對折後用 U 型模具壓住中間，再用工具把上下兩方的餅皮對折，折完後在對接處加熱讓缺口黏合。

No.45

芝麻黑糖折折餅

份量：約 15 片

材料 (g)

TIPS

低筋麵粉都需要
過篩喔！

餅皮：25g

A	發酵奶油	83
B	蛋白（常溫）	84
	上白糖	98
	鮮奶（常溫）	38
	鹽	1
C	低筋麵粉	83
	芝麻粉	15

內餡

黑芝麻醬	100
黑芝麻粉	20
黑糖粉	30

⭐ 作法

一、餅皮

1-1

1-2

先將 A 組材料隔水加熱用小火攪拌至融化（約 60℃）放一旁備用。把 B 組材料加入鋼盆中，攪拌至糖散後加入 C 組材料，將所有粉類攪拌至均勻散開。

2-1

2-2

將作法 1 分 2～3 次倒入作法 2 之中攪拌均勻，拌完放冷藏 3 小時以上（可前一天做好）。從冷藏拿出後回至室溫，裝入擠花袋備用。

二、組合

3-1

3-2

3-3

先將模具抹奶油加熱，加熱至 200℃後擠入 25g 餅皮麵糊，擠完蓋上蓋子煎。煎到麵糊的聲音變小後，在中間放入內餡（全部拌勻即可）。

4-1

4-2

4-3

先將餅皮左右兩邊對折，對折後用 U 型模具壓住中間，再用工具把上下兩方的餅皮對折，折完後在對接處加熱讓缺口黏合。

草莓巧克力折折餅

📷 份量：約 15 片

🍴 材料 (g)

TIPS

🍫 低筋麵粉都需
要過篩喔！

餅皮：25g

A	發酵奶油	83
B	蛋白（常溫）	84
	上白糖	98
	鮮奶（常溫）	38
	鹽	1
C	低筋麵粉	83
	紅麴粉	15

內餡

RUBY 巧克力	5 ～ 6 個
	（共 90 個）
草莓乾	共 15 個

🍳 作法

一、餅皮

1

先將 A 組材料隔水加熱用小火攪拌至融化（約 60℃）放一旁備用。

2

把 B 組材料加入鋼盆中，攪拌至糖散後加入 C 組材料，將所有粉類攪拌至均勻散開。

3

將作法 1 分 2～3 次倒入作法 2 之中攪拌均勻，拌完放冷藏 3 小時以上 (可前一天做好)。從冷藏拿出後回至室溫，裝入擠花袋備用。

二、組合

4-1

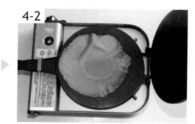

4-2

4-3

先將模具抹奶油加熱，加熱至 200℃後擠入 25g 餅皮麵糊，擠完蓋上蓋子煎。煎到麵糊的聲音變小後，在中間放入內餡。

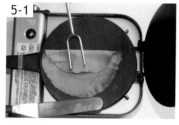

5-1

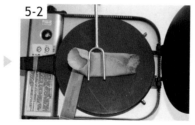

5-2

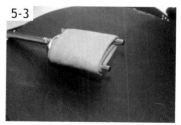

5-3

先將餅皮左右兩邊對折，對折後用 U 型模具壓住中間，再用工具把上下兩方的餅皮對折，折完後在對接處加熱讓缺口黏合。

繽紛莓果米香

器具：SN3216　　份量：用此模具能做出 7 ～ 8 個

材料 (g)

	材料	g		材料	g
A	細砂糖	23	D	白米香	75
	海藻糖	15		杏仁條（熟）	20
	麥芽糖	23		草莓乾	20
	調和蜂蜜	25		蔓越莓	5
	鹽	1		紅心芭樂乾	5
	水	18		南瓜子	15
B	發酵奶油	7	E	草莓碎粒	適量
C	草莓粉	8			

······ TIPS ······

- 堅果和米香都需要保溫喔（果乾不需要保溫）！
- 可以將拌好的米香抓取需要壓模的量，放在烤箱中整形，這樣拌好的糖與米香才不會太快變硬，變得不易整形！

🍳 作法

1-1

1-2

1-3

將 A 組材料放入小煮鍋，用小火（轉非常小的火）煮至 123℃，接著將 B 與 C 組材料加入稍微拌勻，最後加入 D 組材料拌勻至糖衣結合的狀態。

2-1

2-2

接著熄火將材料取出，在模具中撒上草莓碎粒，最後將拌好的米香放入想要的模具當中壓平、壓緊。

3-1

3-2

因為米香冷卻速度很快，因此壓緊後放置一下就可以脫模了，脫模後米香就完成囉！

香蔥米香

器具：SN3216　　份量：用此模具能做出 7 ～ 8 個

材料 (g)

A	黑糖	23	C	白米香	75
	海藻糖	15		杏仁條	35
	麥芽糖	23		南瓜子	30
	調和蜂蜜	25		油蔥酥	13
	鹽	1	D	海苔粉	適量
	水	18			
B	蔥油	7			
	白胡椒粉	1			
	油蔥粉	13			

TIPS

- 堅果和米香都需要保溫喔（果乾不需要保溫）！
- 可以將拌好的米香抓取需要壓模的量，放在烤箱中整形，這樣拌好的糖與米香才不會太快變硬，變得不易整形！

作法

1-1

1-2

1-3

先將 A 組材料放入小煮鍋中用小火（轉非常小的火）煮至 123℃，接著將 B 與 C 組材料加入，拌匀至糖衣結合的狀態。

2-1

2-2

接著熄火將材料取出，將拌好的米香放入想要的模具當中壓平、撒上海苔粉。

3-1

3-2

因為米香冷卻速度很快，因此壓緊後放置一下就可以脫模了，脫模後米香就完成囉！

No.49

黑糖米香

器具：SN3216　　份量：用此模具能做出 7 ～ 8 個

材料 (g)

A	黑糖	23	C	紫米米香	25
	海藻糖	15		白米香	50
	麥芽糖	23		南瓜子	30
	黑糖蜜	15		杏仁條	35
	鹽	1			
	水	18			
B	發酵奶油	7			

⸺⸺⸺ TIPS ⸺⸺⸺

● 堅果和米香都需要保溫喔（果乾不需要保溫）！

● 可以將拌好的米香抓取需要壓模的量，放在烤箱中整形，這樣拌好的糖與米香才不會太快變硬，變得不易整形！

🍳 作法

先將 A 組材料放入小煮鍋中用小火（轉非常小的火）煮至 123℃，接著將 B 與 C 組材料加入拌勻至糖衣結合的狀態。

接著熄火將拌好的米香放入想要的模具當中壓平。

因為米香冷卻速度很快，因此壓緊後放置一下就可以脫模了，脫模後米香就完成囉！

紅椒米香

器具：SN3216　　份量：用此模具能做出 7〜8 個

材料 (g)

A	細砂糖	23	C	紅椒粉	8
	海藻糖	15	D	白米香	75
	麥芽糖	23		南瓜子	30
	調和蜂蜜	25		杏仁條	20
	鹽	1		紫地瓜條	10
	水	18	E	海苔粉	適量
B	發酵奶油	7			

TIPS

● 堅果和米香都需要保溫喔（果乾不需要保溫）！

● 可以將拌好的米香抓取需要壓模的量，放在烤箱中整形，這樣拌好的糖與米香才不會太快變硬，變得不易整形！

🍳 作法

先將 A 組材料放入小煮鍋中用小火（轉非常小的火）煮至 123℃，接著將 B 與 C 組材料加入稍微拌勻，最後加入 D 組材料，拌勻至糖衣結合的狀態。

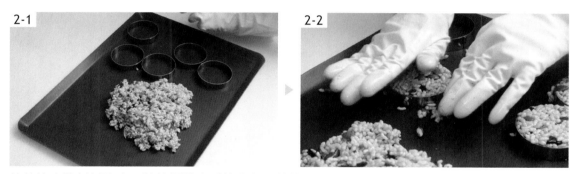

接著熄火將材料取出，將拌好的米香放入想要的模具當中壓平。撒上海苔粉。

因為米香冷卻速度很快，因此壓緊後放置一下就可以脫模了，脫模後米香就完成囉！

骰子曲奇餅

🥣 材料（g）

A	發酵奶油（冰）	180
B	上白糖	30
	海藻糖	15
	鹽	5
	杏仁粉	80
	低筋麵粉	184
	杏仁角	20
	檸檬皮屑	5
C	草莓粉 + 草莓碎粒	6+15
	抹茶粉 + 蔓越莓乾碎粒	6+15
	南瓜粉 + 葡萄乾碎粒	6+15

沾粉

草莓粉	25
抹茶粉	25
南瓜粉	25
酪乳粉 or 奶粉	25
防潮糖粉	50

🥄 作法

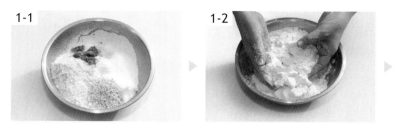

1-1 　1-2 　1-3

先將 A 組的發酵奶油切成**小丁狀**後，和 B 組材料一起放入鋼盆中用手搓至拌勻，拌勻後會像**酥菠蘿狀**（不打發），接著分成三份，每份 173g。

2-1 　2-2 　2-3

將三份麵團加入 C 組材料，接著用手**抓捏**的方式拌成團，成團後包進塑膠袋，用手壓至厚度約 1cm，壓平後放冷藏鬆弛 2 小時以上（可前一天做起來）。

3-1 　3-2

拿出冷藏後的麵團，將麵團切成 1x1 cm 大小入爐烤，以上下火：180 / 150℃ 先烤 10 分鐘，接著 160 / 150℃ 烤 15 分鐘。

4-1 　4-2

出爐後放一下，等至**微溫**時將烤好的餅乾裹上想要的粉 2 次，裹 2 次後要馬上放罐子裡保存，保存時需放乾燥劑。

No.52

檸檬曲奇餅

📷 份量：約 30 片

🍴 材料 (g) ⋯⋯⋯⋯

A	發酵奶油	120
	糖粉	50
	海藻糖	25
B	全蛋	25
C	高筋麵粉	70
	低筋麵粉	90
	奶粉	25
	檸檬皮屑	20
	檸檬皮粉	20
熟杏仁條		50
糖漬檸檬丁		適量

⋯ TIPS ⋯

- 蛋分次加，每加一次都需要融合在一起才可加第二次，依此類推。
- 若喜歡餅乾口感鬆軟，奶油可以打發一點；反之，若喜歡硬脆的口感，奶油就少打發一點。
- 可大量製作麵團放入冷凍，要吃多少就烤多少喔！

🍳 作法

1
將 A 組材料用**慢速**打至均勻，
接著轉成**中速**打至**乳白色**，完
成後分次加入 B 組材料拌勻。

2
接著加入 C 組材料，稍微拌
勻後將熟杏仁條加入。

3
接著用**慢速**狀態攪拌均勻成
團（不可出筋）。

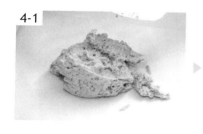

4-1

4-2

接著將麵團倒在烘培紙上，
分成兩份後，各別整形成**圓
柱狀**放冷凍冰硬，可前一天
製作起來。

5
拿出冷凍過後的麵團，切成
0.5～0.7cm 一片。

6
在餅乾體上面放些許檸檬丁
（約 3～4 粒）。

7
最後放入烤盤中入爐烤，以
上下火：170 / 150℃ 烤約 30
分鐘（視家中烤箱需求調整
溫度）。

草莓曲奇餅

📷 份量：約 30 片

🍴 材料（g）

A	發酵奶油	120
	糖粉	50
	海藻糖	25
B	全蛋	25
C	中筋麵粉	150
	奶粉	15
	酪乳粉	10
	草莓粉	30
D	熟南瓜子	50
	草莓碎粒	20

TIPS

- 蛋分次加，每加一次都需要融合在一起才可加第二次，依此類推。
- 若喜歡餅乾口感鬆軟，奶油可以打發一點；反之，若喜歡硬脆的口感，奶油就少打發一點。
- 可大量製作麵團放入冷凍，要吃多少就烤多少喔！

作法

將 A 組材料用**慢速**打至均勻，接著轉成**中速**打至**乳白色**，完成後分次加入 B 組材料。

接著加入 C 組材料（草莓粉烤過後可能會變暗，可以添加一些色粉），稍微拌勻後將 D 組材料全部加入，接著用**慢速**狀態攪拌均勻成團（不可出筋）。

接著將麵團倒在烘培紙上，分成兩份後，各別整形成**圓柱狀**放冷凍冰硬，可前一天製作起來。

拿出冷凍過後的麵團，切成 0.5 ～ 0.7cm 一片，最後放入烤盤中入爐烤，以上下火：170 / 150℃烤約 30 分鐘（視家中烤箱需求調整溫度）。

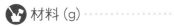

No.54 芝麻花生曲奇餅

🖥 器具：70 號挖冰杓，直徑 2.5cm　　📷 份量：約 30 片

🍯 材料 (g)

A	發酵奶油	110	C	全蛋	53
	二砂糖 or 黑糖	110	D	中筋麵粉	240
	海藻糖	80		蘇打粉	2
	鹽	3		泡打粉	1
B	花生醬	70		杏仁角	適量
	芝麻醬	60			

TIPS

- 在攪拌粉與油時可以用刮板壓拌。
- 旋風烤箱：140℃，30 ～ 35 分鐘。
- 蛋分次加，每加一次都需要融合在一起才可加第二次，依此類推。
- 若喜歡餅乾口感鬆軟，奶油可以打發一點；反之，若喜歡硬脆的口感，奶油就少打發一點。

✪ 作法

將 A 組材料全部放入鋼盆中，先用**低速**稍微拌和，接著用**中速**打發至**反白**，打發後加入 B 組材料混和攪拌（不需均勻）。

接著將 C 組材料分次拌入後（不用打發），將 D 組材料全下後用手拌勻。

拌成團後用**挖冰杓**挖出，一球一球放置烤盤上，表面鋪上烤焙紙後，用另一烤盤向下壓至約 1cm 厚度後，在材料上面放上杏仁角。

放入烤箱，以上下火：160 / 150℃ 約 30 ～ 35 分左右，烤至金黃色就完成囉！

Part IV

特別收錄

甜 點 / 包 裝

甜點篇收錄三款外表可愛的雪Q冰心與兩款
經典不敗的厚蛋塔；包裝篇除了帶您認識四款
精美設計的禮盒外，藉由從書中精選的數款產
品，佐以詳細的步驟圖解說，讓您不出門也能
送出具有精美質感的最佳伴手禮！

檸檬雪Q冰心

📛 份量：約 10 個

🐷 材料 (g)

餅皮：25g		花芯		天然色粉	
橙粉	9	白豆沙	20	百香 or 南瓜	適量
雪花粉	53	糯米皮	3	**內餡：20g**	
蓬萊米粉	53	南瓜 or 百香果色粉	適量	市售檸檬餡	適量
沙拉油	10				
牛奶	134				
海藻糖	100				
水麥芽	43				

TIPS

- 餅皮入電鍋前記得先預熱喔！
- 雪 Q 冰心做完可以直接冰冷凍，要吃時再從冷凍放到室溫退冰即可。

😋 作法

一、餅皮

先將牛奶與海藻糖攪拌至糖化開為止，接著將橙粉、雪花粉、蓬萊米粉三者加入攪拌至均勻狀態，完成後倒入舖有烘焙紙的鋼盆中，再蓋上一張烘焙紙（以免水蒸氣滴下去），接著入電鍋蒸，外鍋需放三杯水（或用蒸籠以大火蒸 30 分鐘）。

二、花芯

將蒸好的皮倒進攪拌盆內，並將水麥芽與沙拉油倒入，**趁熱**攪拌。

先以**低速**稍微拌勻後，轉以**中速**攪拌至有**黏性**、**光亮**，完成後放涼備用。

全部加入鋼盆中用手揉至成團，接著用篩網壓即可成花芯。

三、組合

將餅皮沾上想要的色粉後揉至成團，約為 25g。

將內餡分成 20g 一團，用餅皮包住內餡後，在表面灑上一層手粉。

在中間插一個洞，插完用刀劃出紋路，最後在中間點上花芯就完成囉！

No.56

芝麻黑糖雪Q冰心

📷 份量：約 10 個

🍴 材料（g）

餅皮：25g		內餡：20g		
橙粉	9	A	牛奶	66
雪花粉	53		動物性鮮奶油	8
蓬萊米粉	53		蛋黃	30
沙拉油	10		黑糖	20
牛奶	134	B	低筋麵粉	20
海藻糖	100		雪花粉	5
水麥芽	43	C	奶油乳酪	20
花芯			無鹽奶油	9
白豆沙	20		芝麻粉	30
糯米皮	3			
南瓜或百香果色粉	適量			
天然色粉				
百香	適量			
南瓜	適量			
紅麴	適量			

TIPS

- 餅皮入電鍋前記得先預熱喔！
- 雪Q冰心做完可以直接冰冷凍，要吃時再從冷凍放到室溫退冰卽可。

🍳 作法

一、餅皮

1-1

1-2

1-3

 ▶  ▶

先將牛奶與海藻糖攪拌至糖化開為止，接著將橙粉、雪花粉、蓬萊米粉三者加入攪拌至均勻狀態，完成後倒入鋪有烘焙紙的鋼盆中，再蓋上一張烘焙紙（以免水蒸氣滴下去），接著入電鍋蒸（外鍋需放三杯水）。

將蒸好的皮倒進攪拌盆內，並將水麥芽與沙拉油倒入，**趁熱**攪拌，先以**低速**稍微拌勻後，轉以**中速**攪拌至有**黏性、光亮**，完成後放涼備用。

二、內餡

將 A 組材料放入鍋中拌均（還未開火煮），接著倒入 B 組材料拌至粉類散開，拌開後用小火煮，過程中要不斷地攪拌至**熟化成團**的狀態。

將 C 組材料加入，熄火後將全部拌至均勻，拌完後放涼，放入塑膠袋置冷凍備用。

三、花芯

全部加入鋼盆中用手揉至成團，接著用篩網壓即可成花芯。

四、組合

將餅皮與花瓣沾上想要顏色的色粉後揉至成團，各別約為餅皮：25g、花瓣一片：5g。

將內餡分成 20g 一團，用餅皮包住內餡後，在表面灑上一層手粉。

拿 5 片花瓣（上厚下薄）將麵團包住，在中間點上花芯後就完成囉！

No.57

乳酪核桃雪Q冰心

📠 份量：約 10 個

🎡 材料（g）

餅皮：25g			內餡：20g		
橙粉	9	A	牛奶	66
雪花粉	53		動物性鮮奶油	8
蓬萊米粉	53		蛋黃	30
沙拉油	10		煉乳	20
牛奶	134	B	低筋麵粉	20
海藻糖	100		雪花粉	5
水麥芽	43	C	奶油乳酪	20
			發酵奶油	9
			核桃切碎	30

花芯

白豆沙	20
糯米皮	3
南瓜 or 百香果色粉	適量

天然色粉

紅麴	適量
抹茶	適量
紫薯	適量

TIPS

- 餅皮入電鍋前記得先預熱喔！
- 雪 Q 冰心做完可以直接冰冷凍，要吃時再從冷凍放到室溫退冰即可。

🥄 作法

一、餅皮

1-1	1-2	1-3

 ▶  ▶

先將牛奶與海藻糖攪拌至糖化開為止，接著將橙粉、雪花粉、蓬萊米粉三者加入攪拌至均勻狀態，完成後倒入舖有烘焙紙的鋼盆中，再蓋上一張烘焙紙（以免水蒸氣滴下去），接著入電鍋蒸，外鍋需放三杯水（或用蒸籠以大火蒸 30 分鐘）。

將蒸好的皮倒進攪拌盆內，並將水麥芽與沙拉油倒入，**趁熱**攪拌，先以**低速**稍微拌勻後，轉以**中速**攪拌至有**黏性**、**光亮**，完成後放涼備用。

二、內餡

將 A 組材料先入鍋中（還未開火煮）拌均，接著倒入 B 組材料拌至粉類散開，拌開後用小火煮，過程中不斷地攪拌至**熟化成團**的狀態後熄火。

將 C 組材料加入，全部拌至均勻後放涼，放入塑膠袋置冷凍備用。

三、花芯

全部加入鋼盆中用手揉至成團，接著用篩網壓即可成花芯。

三、組合

將餅皮與花瓣沾上想要顏色的色粉後揉至成團，各別約為餅皮：25g、內餡：20g。將內餡分成 20g 一團，用餅皮包住內餡後，在表面灑上一層手粉。

在花瓣麵團上蓋上想要的形狀模具，放上餅皮後，在中間點上花芯與擺上葉子就完成囉！

原味厚蛋塔

器具：蛋塔杯、鋁合金蛋塔模、SN6025　　份量：約 6 個

材料 (g)

塔皮：55g		布丁液：55g		
發酵奶油（需退冰）	120	A	鮮奶	120
鹽	1		細砂糖	20
細砂糖	55	B	蛋黃	55
低筋麵粉	170		動物性鮮奶油	152

TIPS

- 發酵奶油需退冰至可按得下去的狀態喔！
- 塔皮稍微拌均即可，不可出筋（因為出筋塔皮會硬，不會脆）。
- 塔皮可以在前一天做好冷藏備用。
- 進烤箱之前，要將冷藏的布丁液及塔皮放回至室溫。
- 烤好的厚蛋塔可以放進冷凍保存，要食用時直接拿出退冰即可。
- 塔模可以噴烤盤油、灑粉，比較好脫模。

😊 作法

一、塔皮

1-1

1-2

1-3

將發酵奶油、鹽、細砂糖、低筋麵粉全部至入鋼盆中拌勻（因為怕奶油太硬，所以需要搭配刮板輔助用**切拌**的方式處理），稍微成形後**移至桌面**作業，用壓拌的方式，拌成團後放進塑膠袋冷藏備用。

2

3

二、布丁液

4

捏塔皮需要**沾一點手粉**（杯模可以套兩個，以免太薄），捏到邊邊的角都要有。

捏完後放入冷藏備用（可前一天做好）。

先將鮮奶加細砂糖微微加熱攪拌（不需滾），拌勻至糖全部溶化即可。

5-1

5-2

5-3

將蛋黃加動物性鮮奶油兩者拌勻，拌勻後將作法 4 倒入。最後**全部過篩（第一次）**，放入冰箱冷藏備用（可前一天做好隔天再來烤，布丁才會漂亮）。

三、組合

6-1

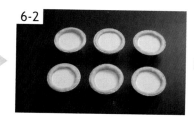
6-2

6-3

將布丁液**再一次過篩**倒入量杯。最後倒入灌模，塔皮 55g 與布丁液 55g（共 110g），倒完入爐烤，出爐後就完成囉！熱風爐：200℃開汽門 15 分鐘，掉頭再 10 分鐘，共約 25 分左右；也可以用層爐：200 / 240℃烤約 25 ～ 30 分左右。

黑糖厚蛋塔

器具：蛋塔杯、鋁合金蛋塔模、SN6025　　份量：約 6 個

材料（g）

塔皮：55g	
發酵奶油（需退冰）	120
鹽	1
細砂糖	55
低筋麵粉	170

布丁液：55g		
A	鮮奶	120
	黑糖蜜	10
	黑糖粉	20
B	蛋黃	55
	動物性鮮奶油	152

TIPS

- 發酵奶油需退冰至可按得下去的狀態喔！
- 塔皮稍微拌均即可，不可出筋（因為出筋塔皮會硬，不會脆）。
- 塔皮可以在前一天做好冷藏備用。
- 進烤箱之前，要將冷藏的布丁液及塔皮放回至室溫。
- 烤好的厚蛋塔可以放進冷凍保存，要食用時直接拿出退冰即可。
- 塔模可以噴烤盤油、灑粉，比較好脫模。

🍳 作法

一、塔皮

將發酵奶油、鹽、細砂糖、低筋麵粉全部至入鋼盆中拌勻（因為怕奶油太硬，所以需要搭配刮板輔助用**切拌**的方式處理），稍微成形後**移至桌面**作業，用壓拌的方式，拌成團後放進塑膠袋冷藏備用。

二、布丁液

捏塔皮需要**沾一點手粉**（杯模可以套兩個，以免太薄），捏到邊邊的角都要有。

捏完後放入冷藏備用（可前一天做好）。

先將鮮奶加細砂糖微微加熱攪拌（不需滾），拌勻至糖全部溶化即可。

將蛋黃加動物性鮮奶油兩者拌勻，拌勻後將作法 4 倒入。最後**全部過篩（第一次）**，放入冰箱冷藏備用（可前一天做好隔天再來烤，布丁才會漂亮）。

三、組合

將布丁液**再一次過篩**倒入量杯。最後倒入灌模，塔皮 55g 與布丁液 55g（共 110g），倒完入爐烤，出爐後就完成囉！熱風爐:200℃開汽門15 分鐘，掉頭再 10 分鐘，共約 25 分左右;也可以用層爐:200 / 240℃烤約 25～30 分左右。

包裝盒

「佛要金裝，人要衣裝」，伴手禮也要有「包裝」！有好的包裝除了延長產品的保存期限外，同時也能提升產品價值與質感喔！

以下介紹四款精美設計的禮盒包裝（實際產品供貨內容以廠商庫存為主）：

01

◆ 芳彤小語：
「井然有序」是面對工作最基本的態度。

◆ 適合裝入：
紅椒米香、咖哩酥、花生肉鬆折折餅等等……

◆ 本包裝尺寸：
外盒：30.6 x 27.5 x 7.5（cm）
內盒：28.5 x 25.5 x 7.5（cm）

02

◆ 芳彤小語：
時時刻刻提醒自己，用樂觀的笑容、正向的態度面對所有心愛的人。

◆ 適合裝入：
黑糖巧克力蛋糕、芝麻豆腐蛋糕、虎皮巧克力瑞士捲……

◆ 本包裝尺寸：
紙盒：20.5 x 9 x 7.5（cm）
托盤：20 x 8.7 x 6.5（cm）
（6.5 cm 為托盤手提高）

03

◆ 芳彤小語：
虛心接受所有事物，才華終有鋒芒畢露的一日。

◆ 適合裝入：
抹茶水果杏仁牛軋糖、巧克力夏豆牛軋糖、草莓Q糖等等……

◆ 本包裝尺寸：
內盒：9.5 x 9.5 x 4.9（cm）

04

◆ 芳彤小語：
有精緻華麗的外表，也要有豐富有趣的內涵，才能成就與眾不同的自己。

◆ 適合裝入：
骰子曲奇餅、草莓紅心牛軋糖、檸檬雪Q冰心等等……

◆ 本包裝尺寸：
外盒：30.6 x 27.5 x 7.5（cm）
內盒：28.5 x 25.5 x 7.5（cm）

（圖片提供：hiboupack 藝部包裝）

示範

- 放入乾燥劑避免裡面的餅乾受潮。
- 因為是熟食，所以過程中一定要戴手套。

抹茶牛軋糖

將抹茶牛軋糖放入包裝袋內，壓上封膜器封口即可。

檸檬曲奇餅

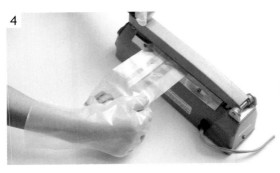 

將乾燥劑放在包裝袋底部後，裝入檸檬曲奇餅，壓上封膜器封口。在封口處用折扇葉的方式將其折起，貼上膠帶後就完成囉！

草莓曲奇餅

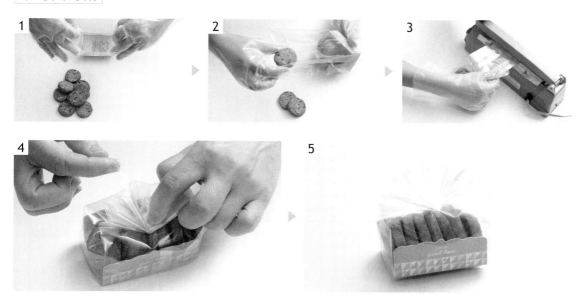

先將乾燥劑放在包裝袋底部後，將想要數量的草莓曲奇餅放入袋內，壓上封膜器封口，接著在封口處用折扇葉的方式將其折起，貼上膠帶後就完成囉～

紅椒米香

將紅椒米香放入較大的包裝袋內，塞進乾燥劑後用壓上封膜器封口。

繽紛莓果米香

將繽紛莓果米香放入較大的包裝袋內，塞進乾燥劑後用壓上封膜器封口。

繽紛螺旋酥

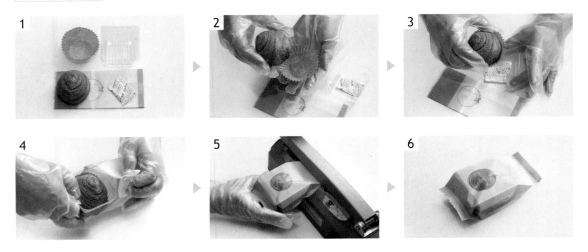

繽紛螺旋酥放上烘培紙杯上，將脫氧劑放在塑膠盒裡，裝入包裝袋，壓上封膜器封口即完成。

Hibou
packaging

www.hiboupack.com.tw

{公版 / 私版} 烘焙包裝批發、製作

藝部。包裝

Instagram

Website

Pure 純淨
Natural 天然
Additive-Free 無添加物
Gluten-Free 無麩質過敏原
Customized 客製化生產

PING-TUNG FOODS

● **100% 純水磨製程**
  100% WET MILL PROCESS

● **堅持優良品質**
  CONSISTENT IN QUALITY

SUPERIOR
ROUND GRAIN
GLUTINOUS
RICE FLOUR
雪花粉

RICE PANCAKE
& WAFFLE MIX
米鬆餅粉

SUPERIOR
ROUND GRAIN
RICE FLOUR
超級水磨
蓬萊米粉

TAP SUPERIOR
ROUND GRAIN
RICE FLOUR
產銷履歷蓬萊米粉

SUPERIOR
GLUTINOUS
RICE FLOUR
超級水磨
糯米粉

SUPERIOR
LONG GRAIN
RICE FLOUR
超級水磨在來米粉

Let Ping Tung Foods help your best formula and cost optimization in your products
600g, 20kg, 25kg, 30kg and 500kg in your favor.

ISO9001／ISO22000／HALAL
PING TUNG FOODS Corp.
56, Hsin Sheng Road, Shin Tsuo Vill., Wan Luan,
Ping Tung County, #92343, Taiwan

屏東農產脫份有限公司
TEL:886-8-7831133, FAX:886-8-7831075
e-mail: ptfoods@ptfoods.com.tw
www.ptfoods.com.tw

國家圖書館出版品預行編目（CIP）資料

芳彤甜點日記：經典伴手禮美味饗宴／方慧珠著.
-- 一版. -- 新北市：優品文化, 2022. 11；160 面；
19x26 公分. --（Baking；13）
ISBN 978-986-5481-33-9（平裝）
1. CST：點心食譜

427.16   111015589

Baking：13

芳彤甜點日記

··· 經 典 伴 手 禮 美 味 饗 宴 ···

作　　　者　方慧珠
總 編 輯　薛永年
副總編輯　馬慧琪
文字編輯　魏嘉德
美術編輯　黃頌哲
攝　　　影　邱明煌

出 版 者　優品文化事業有限公司
　　　　　地址：新北市新莊區化成路 293 巷 32 號
　　　　　電話：(02) 8521-2523 / 傳眞：(02) 8521-6206
　　　　　信箱：8521service@gmail.com
　　　　　（如有任何疑問請聯絡此信箱洽詢）

印　　　刷　鴻嘉彩藝印刷股份有限公司

業務副總　林啓瑞 0988-558-575

總 經 銷　大和書報圖書股份有限公司
　　　　　地址：新北市新莊區五工五路 2 號
　　　　　電話：(02) 8990-2588 / 傳眞：(02) 2299-7900

網路書店　www.books.com.tw 博客來網路書店

出版日期　2022 年 11 月
版　　　次　一版一刷
定　　　價　450 元

上優好書網　　FB 粉絲專頁　　LINE 官方帳號　　Youtube 頻道

（黏貼處）

芳彤甜點日記
···經典伴手禮美味饗宴···

讀者回函

◆ 為了以更好的面貌再次與您相遇，期盼您說出真實的想法，給我們寶貴意見 ◆

姓名：	性別：□男　□女	年齡：　　　歲
聯絡電話：（日）　　　　　　　　　　　　　（夜）	

Email：
通訊地址：□□□-□□
學歷：□國中以下　□高中　□專科　□大學　□研究所　□研究所以上
職稱：□學生　□家庭主婦　□職員　□中高階主管　□經營者　□其他：

● 購買本書的原因是？

□興趣使然　□工作需求　□排版設計很棒　□主題吸引　□喜歡作者　□喜歡出版社
□活動折扣　□親友推薦　□送禮　□其他：＿＿＿＿＿＿＿＿＿＿＿

● 就食譜叢書來說，您喜歡什麼樣的主題呢？

□中餐烹調　□西餐烹調　□日韓料理　□異國料理　□中式點心　□西式點心　□麵包
□健康飲食　□甜點裝飾技巧　□冰品　□咖啡　□茶　□創業資訊　□其他：＿＿＿＿

● 就食譜叢書來說，您比較在意什麼？

□健康趨勢　□好不好吃　□作法簡單　□取材方便　□原理解析　□其他：＿＿＿＿

● 會吸引你購買食譜書的原因有？

□作者　□出版社　□實用性高　□口碑推薦　□排版設計精美　□其他：＿＿＿＿

● 跟我們說說話吧～想說什麼都可以哦！

24253 新北市新莊區化成路 293 巷 32 號

上優文化事業有限公司　收

◆（優品）

芳彤甜點日記：經典伴手禮美味饗宴　**讀者回函**

（請沿此虛線對折寄回）

芳彤甜點日記

···經典伴手禮美味饗宴···

◆　優品文化事業有限公司
　　電話：(02)8521-2523
　　傳真：(02)8521-6206
　　信箱：8521service@gmail.com

上優好書網　　FB 粉絲專頁